DESCRIPTION

DES

APPAREILS DE MAÇONNERIE

LES PLUS REMARQUABLES

EMPLOYÉS DANS LES CONSTRUCTIONS EN BRIQUES

Bruxelles. — Impr. Bruylant-Christophe et Cie, rue Blaes, 31.

DESCRIPTION

DES APPAREILS

DE MAÇONNERIE

LES PLUS REMARQUABLES

EMPLOYÉS DANS LES

CONSTRUCTIONS EN BRIQUE

PAR

AUG. GRATRY,

CAPITAINE DU GÉNIE,
ANCIEN ÉLÈVE DE L'ÉCOLE MILITAIRE DE BELGIQUE,
CHEVALIER DE L'ORDRE DE LÉOPOLD.

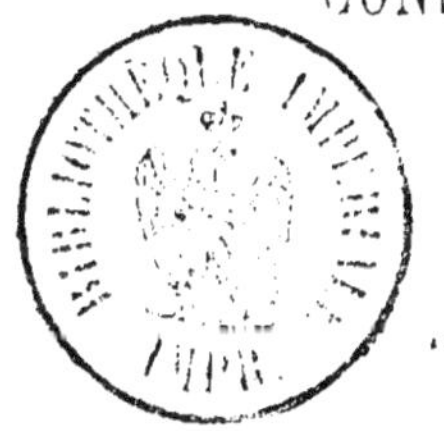

<table>
<tr><td>PARIS.
CH. TANERA, Éditeur.
Rue de Savoie, 6.</td><td>BRUXELLES.
BRUYLANT-CHRISTOPHE et Cie.
Éditeurs, rue Blaes, 51.</td></tr>
</table>

1865

AVANT-PROPOS.

L'emploi de la brique dans les constructions remonte à la plus haute
antiquité. Partout où la pierre était rare ou de mauvaise qualité, on se
servait d'argile corroyée et façonnée pour élever les murailles. Les
Assyriens, qui disputaient aux Égyptiens la gloire des grands monuments, bâtissaient en brique. Les murs d'enceinte de Babylone, construits par la reine Sémiramis, ainsi que le fameux temple de Jupiter-
Bélus (1), qui fut érigé, dit-on, sur les anciens fondements de la tour
de Babel, étaient faits de cette manière. On a retrouvé de ces
antiques constructions, placées au rang des merveilles du monde,
quelques vestiges intéressants qui en attestent l'étonnante solidité.

(1) Le temple de Bélus, dit Hérodote, couronnait la tour de Bélus, laquelle
se composait de huit tours superposées allant en diminuant de grosseur. On
croit avoir retrouvé la tour inférieure qui est maçonnée pleine. Les briques ont
58 millimètres d'épaisseur.

Les premières briques étaient crues et séchées à l'air ou au soleil. Dans les pays chauds, comme en Assyrie ou en Babylonie, on mêlait souvent à l'argile de la paille ou des roseaux hachés pour les empêcher de se fendiller en séchant.

Les Grecs usèrent beaucoup de ce genre de matériaux, et s'en servirent pour élever plusieurs murailles de ville comme celles de Mantinée et d'Eione. Le palais de Crésus, dernier roi de Lydie, qui vivait 557 ans avant J.-C., et celui du roi Mausole à Halicarnasse, capitale de la Carie, étaient aussi bâtis de cette manière, quoique la pierre et le marbre fussent très-abondants en ces pays.

Les briques crues étaient composées d'argile ou de terre grasse convenablement gâchée et battue, avec ou sans addition de paille hachée, que l'on séchait à l'ombre jusqu'à ce qu'elles eussent acquis une grande dureté. Généralement, on n'en faisait usage qu'au bout de quelques années (1). Il y en avait de trois sortes qui différaient entre elles par leurs dimensions, c'étaient : les *didoron* ou *lydiennes,* les *tétradoron* et les *pentadoron.* Les premières briques étaient particulièrement employées par les Romains, tandis que les autres ne servaient que chez les Grecs. On faisait aussi des demi-briques de chacune de ces variétés pour obtenir plus de liaison dans l'intérieur des murs, et rendre en même temps les ouvrages plus agréables à la vue par la diversité des appareils.

Avant que le mortier ou le ciment fussent connus (2), les briques étaient maçonnées avec du bitume, de la poix, de l'argile ou même

(1) Dans l'ancienne ville d'Utique, en Afrique, les magistrats ne permettaient pas d'employer les briques crues avant la cinquième année de leur fabrication.

(2) L'invention du mortier doit être, paraît-il, attribuée aux Étrusques, car c'est dans le pays qu'ils habitaient qu'on en a découvert les plus anciennes traces.

avec de la boue. C'est ainsi que se firent les prodigieuses constructions de la Chaldée, dont on ne découvre plus guère aujourd'hui que des restes de maçonnerie à hauteur des fondations.

Mais on renonça par la suite, sauf dans quelques localités, à cette espèce de matériaux que l'action alternative de l'eau et de l'air décomposait promptement (1), et l'on se servit exclusivement de briques cuites dont la solidité ne laisse rien à désirer. Cependant, en Perse, au XVIIᵉ siècle, on bâtissait encore en briques crues mêlées de paille ou de roseaux hachés, et de nos jours, il paraît même qu'on s'en sert encore à Bagdad. Du reste, le pisé et le torchis, si communs dans quelques départements français, ne sont guère que la continuation du même procédé, quoique l'application soit plus grossière et plus imparfaite.

Les briques cuites ne furent employées par les Romains que dans les derniers temps de la république. Cet usage semble leur être venu des Étrusques, leurs premiers maîtres dans l'art de bâtir. Ces briques étaient méplates et de forme carrée ou triangulaire ; les plus grandes servaient principalement dans la construction des voûtes. Du temps de Fabretti, on voyait à Rome les arcades d'un portique formées de deux sortes de briques maçonnées à liaison, les unes nommées *bipeda* avaient environ 40 centimètres de côté, et les autres 30 centimètres seulement.

La plupart des briques retirées des ruines antiques de l'Orient (2) portent des inscriptions en caractères cunéiformes. Celles qui provien-

(1) Pausanias rapporte que cette circonstance permit même, en plusieurs occasions, de prendre des villes grecques, en détournant des rivières contre les murailles pour les réduire en boue.

(2) On a longtemps douté que l'Égypte ait pu produire des briques cuites, à cause de la disette de combustible et de bois dont elle fut affligée de tout

nent des édifices romains présentent ordinairement des sigles ou lettres initiales de quelques noms célèbres, des marques de fabrique, ou la date du consulat.

En général, on apportait le plus grand soin à la fabrication de ces matériaux. Les Romains mêlaient souvent à la terre du tuf pilé qui leur donnait une teinte rougeâtre par la cuisson.

D'après Strabon, il y avait des briques si légères à Pitane, en Mysie, et dans les environs de Marseille, qu'elles flottaient sur l'eau comme les barques de terre cuite dont se servaient les Égyptiens pour voyager sur le Nil. Ces briques se faisaient, paraît-il, avec des tufs siliceux de la nature des pierres ponces, auxquels on mêlait une faible quantité d'argile grasse; elles étaient fort estimées parce qu'elles ne surchargeaient point les murs, particulièrement dans la construction des arcades et des voûtes.

Chez les Chinois, l'invention de la brique semble se perdre aussi dans la nuit des temps. La tour de Nankin, appelée communément la tour de porcelaine, et qui passe, au dire des voyageurs, pour un ouvrage des plus remarquables, est construite en brique cuite et ses parois extérieures sont revêtues en porcelaine « dont l'émail, dit un » poëte chinois, dispute d'éclat à l'or et à la pourpre, et réfléchit en « arc-en-ciel, jusqu'à la ville, les rayons du soleil qui tombent sur « chaque étage. »

La grande et fameuse muraille de cet antique empire, ou le Vanly-Ching, élevée contre les Tartares deux cent quinze ans avant la nativité du Christ, et achevée en cinq ans, malgré son importance, est con-

---

temps; mais on sait aujourd'hui que ces matériaux peuvent être cuits avec des broussailles, et même avec les matières fécales desséchées des chameaux et des autres animaux, seuls combustibles que possédaient les Égyptiens pour chauffer leurs fours.

struite également en brique, du moins sur la majeure partie de son développement.

Elle part de Pékin, embrasse les trois provinces du Petché-li, du Chan-si et du Chen-si, sur une longueur d'environ 480 lieues de cinq kilomètres. Cette singulière fortification, qui n'offrit, du reste, qu'un obstacle imparfait aux invasions de l'ennemi, se compose d'un simple rempart de 12 à 15 mètres de hauteur, revêtu des deux côtés en maçonnerie de brique ou de moellon, et renforcé de distance en distance par des tours ou d'autres ouvrages militaires.

En Amérique, on a aussi découvert des vestiges d'antiques constructions en brique qui témoignent du degré de civilisation qu'avaient atteint les peuples primitifs avant la découverte du nouveau monde. La célèbre pyramide de Cholula, au Mexique, dont la base dépasse celle de la plus haute pyramide d'Égypte, est en brique crue cimentée avec de l'argile.

· Don Ulloa nous apprend encore que les Indiens civilisés du Pérou, du temps des Incas, bâtissaient avec des *adoves*, ou grosses briques crues de différentes grandeurs, faites de terre pétrie avec des joncs ou des roseaux hachés (1). Il est même assez probable qu'ils avaient le moyen de durcir ces adoves, car elles ont résisté pendant des siècles aux injures du temps, sans se décomposer ni se fendre.

On bâtissait en brique de deux manières : tantôt les murs étaient élevés par assises réglées sur toute leur épaisseur ; tantôt on ne construisait que deux parements, et l'intervalle se remplissait d'une sorte de blocage fait de cailloux de rivière ou de montagne, pétri avec du mortier ou du ciment. Dans ce dernier cas, les parements étaient reliés entre eux, de distance en distance, par des assises de brique qui s'étendaient dans toute l'épaisseur du mur.

(1) *Mémoires philosophiques concernant la découverte de l'Amérique.*

Les parements des murs étaient appareillés de différentes manières : souvent on plaçait les briques les unes sur les autres, en liaison, soit qu'on fît usage de briques entières, ou qu'on se servît de demi-briques ; d'autres fois, on inclinait diversement les joints de manière à former des mosaïques affectant des figures géométriques, comme on peut le voir encore à l'une des tours de la première enceinte de Cologne ; ou bien enfin, on faisait disparaître les joints au moyen d'un enduit en ciment, et l'on entaillait dans les surfaces vues des ornements architectoniques.

Ce dernier mode de construction s'étendit surtout à Constantinople (1), où il devint la source de l'architecture moresque, si riche et si variée en originalité de toute espèce.

En Italie, l'emploi de la brique fut également fort répandu, particulièrement sous la domination des Lombards, si versés dans l'art de bâtir. On en usait même dans les parties les plus délicates des édifices et pour les moindres détails architectoniques.

Les enceintes fortifiées des villes romaines, ou les murailles qui protégeaient leurs camps d'hiver ou fixes, nommés *castra hiberna, castra stativa*, étaient faites, le plus souvent, avec les matériaux qu'on trouvait sur les lieux, en pierre de taille, en moellon ou en brique. Elles se composaient de deux forts parements, séparés par un intervalle plus ou moins grand qu'on remplissait de terre cuite, de maçonnerie de blocage, ou même simplement de terre ou de cailloux bien pilonnés. Les murailles de Rome, sous l'empereur Aurélien, étaient exclusivement en brique.

Les Gaulois entouraient leurs villes ou *oppida* de murailles plus ou moins hautes, formées de grillages en bois dont les cases conte-

______

(1) L'intérieur de l'édifice, appelé aujourd'hui palais de Bélisaire, en offre un exemple remarquable.

naient de la terre alternant avec des assises de grosses pierres posées sans ciment ni attaches.

Les murs romains étaient construits de différentes manières :

1° *En grand appareil*, qui consistait en grosses pierres posées par assises réglées et reliées entre elles par des ancres en bois de chêne à double queue d'aronde, ou par des crampons en fer ou en bronze. Ces pierres étaient taillées et ajustées avec tant de précision dans la plupart des édifices qu'on pouvait à peine en découvrir les joints ;

2° *En appareil moyen*, qui tient le milieu entre le grand et le petit appareil ;

3° *En petit appareil* simple ou allongé, formé de petites pierres à section carrée ou rectangulaire, posées comme précédemment par assises horizontales, et alternant avec des chaînes continues de briques.

Les murs construits de la sorte offraient presque tous cette particularité remarquable que leurs fondations étaient formées de grosses pierres posées sans mortier ni ciment (1).

Les briques employées dans les chaînes avaient des dimensions très-variables et s'engageaient souvent de 60 à 80 centimètres dans la maçonnerie. On en a trouvé de 25, de 30 et même de 40 centimètres de côté, sur 35 à 50 centimètres d'épaisseur. Celles qui servaient à la construction des tours défensives étaient généralement de moindres dimensions, à cause de la forme circulaire des murs ;

4° *En appareil réticulé*, consistant en une maçonnerie maillée en pierre ou en brique, ne différant de la précédente qu'en ce que les joints du parement sont inclinés à 45° pour simuler les mailles d'un filet.

(1) Les murailles de Dijon et celles de Sens nous fournissent encore des exemples de ce genre de construction. C'est ainsi, du reste, que les Romains bâtissaient toujours leurs châteaux.

Cette disposition était généralement associée comme ornement avec le petit appareil, de manière à constituer des panneaux. Les murs en brique des bâtiments du chemin de fer de Dendre et Waes offrent une grande analogie avec ces panneaux ;

5° Enfin, *en appareil en épi,* nommé *opus spicatum,* ou *appareil en arête de poisson,* ou encore *en feuilles de fougère,* dont les joints s'inclinent deux à deux en sens inverse.

Dans les habitations urbaines et rurales belgo-romaines du Luxembourg et des bords de la Meuse, les parements des murs étaient généralement construits en maçonnerie d'appareil, avec ou sans chaîne de brique, et l'intérieur se composait de blocaille noyée dans le mortier.

Les châteaux de l'Angleterre, antérieurs au xiie siècle, étaient bâtis de la même manière ; seulement, on plaçait toujours dans les murs des chaînes en brique de distance en distance. Dans les ruines du curieux donjon de Guildford, on en découvre même, rapporte King, à la partie inférieure de l'édifice.

En Belgique, la brique semble avoir cessé d'être employée à la chute de l'empire romain pour ne reparaître qu'au xiiie siècle (1), époque à laquelle on la retrouve dans les murailles des villes (2) et dans un grand nombre d'édifices religieux et civils.

----

(1) On n'en voit du moins aucune trace dans les ruines de bâtisses antérieures à cette époque, si ce n'est peut-être dans les Flandres, où l'on en a découvert quelques rares vestiges.

(2) L'une des tours qui faisaient partie de la première enceinte de Gand, édifiée en 1290, était en brique, et se nommait pour cette raison *la tour rouge.*

Cette tour était baignée par les eaux de la Lys. C'est de là, dit-on, que l'on précipitait dans la rivière les condamnés à mort pour crime de parricide, après les avoir cousus dans un sac de cuir.

L'usage s'en répandit ensuite de plus en plus et devint pour ainsi dire général. Quelques grands architectes, et notamment le savant Palladio qui vivait au xvie siècle, eurent même pour elle une sorte de prédilection et s'en servirent de préférence à la pierre. .

Dans la fortification moderne, on a aussi très-largement usé de la maçonnerie de brique, particulièrement dans les localités privées de pierre. Un grand nombre de places fortes construites par Vauban, et tant d'autres érigées depuis sont en brique.

Dans les vastes travaux d'agrandissement de la ville d'Anvers, on a mis en œuvre, jusqu'ici, près d'un milliard de briques (1), indépendamment des maçonneries d'appareil et de moellon employées dans plusieurs ouvrages.

Le fort n° 3, qui fait partie du système de défense adopté pour la rive droite de l'Escaut, est en maçonnerie de brique, mais on y rencontre aussi le bossage et la maçonnerie de moellon. C'est de ce fort qu'il est spécialement question dans cet ouvrage. Nous en donnerons donc un aperçu rapide avant de nous occuper des détails de construction.

(1) Ces briques, placées bout à bout, formeraient un développement de quarante mille lieues, ou cinq fois le circuit de la terre.

CHAPITRE I.

Le fort n° 3, du nouveau camp retranché sous Anvers, est de forme polygonale, et se compose de quatre fronts constituant ensemble cinq saillants et quatre rentrants.

Le front de tête, tourné vers la campagne, et les deux fronts latéraux, sont garnis d'une escarpe revêtue, composée de voûtes en décharge; le front de gorge seul a son escarpe terrassée, et peut être considéré comme étant formé de deux fronts tenaillés entièrement distincts.

L'ouvrage est précédé d'un large fossé plein d'eau, d'un chemin couvert et d'un glacis.

Le fossé est défendu par cinq batteries flanquantes qui sont :

1° Une caponnière double à l'épreuve de la bombe, établie en capitale du front de tête;

2° Deux demi-caponnières également à l'épreuve, placées aux extrémités du même front, et tournant le dos à l'ennemi;

3° Enfin deux batteries à ciel ouvert, en terrassements, construites dans les rentrants du front de gorge.

Toutes ces batteries sont pour ainsi dire rasantes et hors d'insulte; elles permettent de battre le fossé de la manière la plus efficace sans laisser nulle part d'angle mort.

Indépendamment des ouvrages qui précèdent, établis spécialement en vue de la défense rapprochée, il existe, sur chacun des fronts latéraux, deux batteries à la Haxo, l'une grande, l'autre petite, destinées à battre les intervalles des forts, ou à prendre d'écharpe les cheminements de l'ennemi dirigés contre les forts voisins.

La galerie d'escarpe est crénelée pour fusiliers sur tout son développement, elle fournit un excellent flanquement de la caponnière et des demi-caponnières et donne des feux directs dans le chemin couvert.

En dessous des grandes batteries hautes des fronts latéraux, se trouvent des bâtiments à l'épreuve de la bombe, contenant des gares pour pièces attelées, des écuries, des cuisines, des logements et un laboratoire d'artillerie.

La porte d'entrée du fort est ménagée sous la branche droite du front de gorge, et consiste en une poterne accompagnée de deux corps de garde, le tout voûté à l'épreuve de la bombe. Un pont fixe en bois, avec pont tournant contre l'escarpe, sert à traverser le fossé.

Le fort contient un réduit à trois étages entouré d'un fossé sec, d'une galerie de contrescarpe, et d'un glacis du côté de la plaine intérieure.

La forme générale du réduit est celle du champignon, c'est-à-dire qu'il se compose de deux demi-cercles de diamètre différent, opposés l'un à l'autre, et se reliant par des lignes brisées de manière à présenter deux flancs.

Le rez-de-chaussée et le premier étage contiennent tous les locaux nécessaires à la défense. L'étage supérieur, tourné vers le camp, est casematé et sert en même temps d'abri à l'artillerie de la plate-forme.

La galerie de contrescarpe est parallèle à l'escarpe et lui assure un bon flanquement de revers. On y arrive au moyen d'une caponnière voûtée établie en capitale et en tête du réduit.

La communication du réduit avec le camp retranché se trouve en capitale du redan de gorge et consiste en une poterne protégée par deux corps de garde crénelés, et débouchant dans un tambour en forme de redan. Un pont dormant en charpente, avec pont-levis contre l'escarpe, sert à traverser le fossé.

CHAPITRE II.

MAÇONNERIE D'ÉLÉVATION.

1. On a employé dans le fort trois espèces de maçonneries, savoir :

1° *La maçonnerie en brique*, pour tous les ouvrages en élévation ;

2° *La maçonnerie en moellon*, pour les massifs de fondations en général, les épaulements et les arasements de quelques voûtes, les piles du pont devant l'entrée du réduit, et une partie des murs de la demi-caponnière de droite ;

3° Enfin *la maçonnerie en bossage*, pour les soubassements de toutes les façades.

2. *Maçonnerie en brique.* L'appareil adopté dans les murs en élévation, verticaux ou inclinés, en direction droite ou courbe, est celui connu des Flamands sous la dénomination de *kruysverband*, et que les Wallons appellent *appareil en losange*. Il n'y a d'exception à cette règle que pour les puits et les petits locaux circulaires, où l'on a adopté l'appareil français qui se prête mieux à la construction des courbes à petits rayons.

L'appareil en losange est formé d'assises alternatives de boutisses et de panneresses posées joints sur pleins. Les joints montants des boutisses sont situés sur les mêmes verticales, au milieu des pleins, et se correspondent de deux en deux tas ; tandis que ceux des panneresses ne se rapportent aux mêmes verticales que de cinq en cinq tas seulement (fig. 1). L'intervalle du mur compris entre les deux parements est maçonné en briques boutisses.

Cet appareil est généralement usité en Belgique, aussi bien dans les constructions militaires (1) que dans les édifices publics ou les bâtiments ruraux. Il présente de grands avantages en ce que les joints montants sont très-contrariés, et que la liaison est complète dans le sens longitudinal du parement ainsi que dans l'intérieur de la maçonnerie.

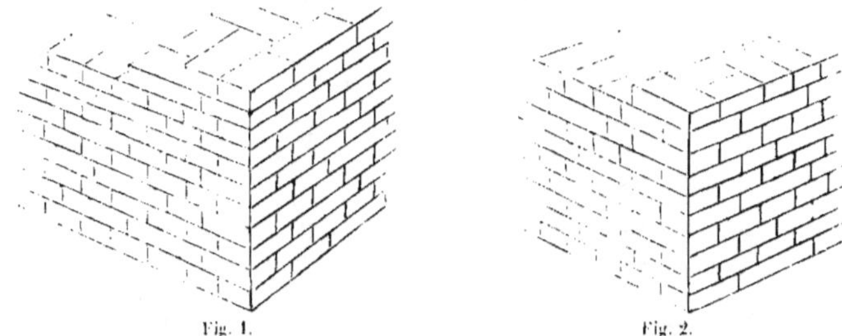

3. Les têtes de mur et les retours obliques ou d'équerre sont appareillés de manière à éviter l'emploi de quarts de brique. On s'est servi pour cela de la disposition indiquée fig. 1 et quelquefois aussi de celle représentée fig 2. L'une et l'autre sont également avantageuses en ce que la liaison des briques est complète dans les deux sens.

Dans les façades des bâtiments, ainsi que dans les tourelles des entrées, où se trouvent des retours obliques, on a fait un fréquent usage de briques spéciales. Ces briques sont à pan coupé et un peu plus longues que les briques ordinaires : la grande face a trois quarts de brique de longueur, et la petite face une demi-brique seulement, ce qui permet d'appareiller les angles de la manière indiquée fig. 3.

4. Les saillants des ouvrages dont les angles diffèrent de 90°, comme ceux de la caponnière et des demi-caponnières, sont garnis de chaînes doubles en pierre de taille formant harpe des deux côtés. Ces

(1) En France, la disposition adoptée par le génie militaire est différente : les parements se font entièrement en briques boutisses, et la liaison avec l'intérieur du mur s'obtient en plaçant alternativement une brique entière suivie d'une demi-brique dans chaque assise.

chaînes sont composées de pierres non saillantes posées les unes sur les autres (fig. 4), et reliées entre elles par des goujons en fer implantés à leur milieu et à la maçonnerie par des ancres à deux branches. La hauteur des pierres est réglée d'après les dimensions des briques, pour que la liaison avec la maçonnerie soit la meilleure possible, et aussi pour que le coup d'œil ne soit pas choqué par des arasements disgracieux. En général, ces pierres sont taillées pour embrasser à la fois cinq ou six lits de brique.

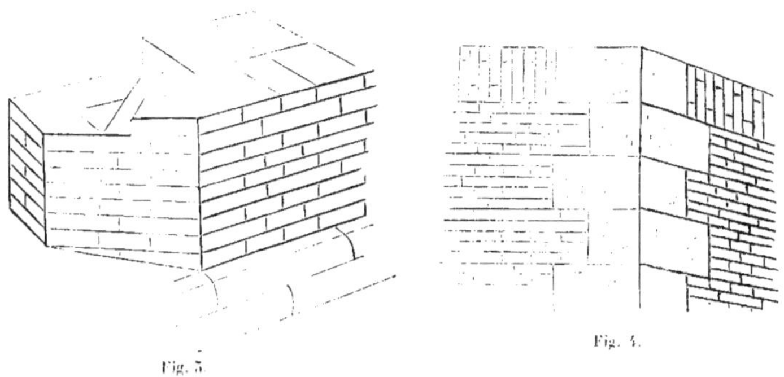

Fig. 5.

Fig. 4.

Cette manière de construire les angles saillants est la plus solide et la plus durable; elle est recommandée en bonne construction, et nous l'eussions appliquée davantage si des motifs d'économie ne nous avaient sans cesse retenus.

5. Les parties rampantes ou inclinées des murs en aile et autres sont tantôt couronnées par des tablettes en pierre de taille, et tantôt terminées par des dispositions en épi affectant des formes variées.

Les rampants des murs en aile des façades, à l'intérieur du fort, sont formés d'un épi en brique (fig. 5), ou sorte de crémaillère, divisée en un certain nombre de crochets dans lesquels les joints de lit sont d'équerre sur la surface inclinée des murs. Le crochet inférieur, qui repose sur le cordon surmontant le soubassement en bossage, est en pierre de taille.

A la façade intérieure de la poterne d'entrée du fort, le crochet supérieur de chaque épi est en pierre comme le crochet inférieur; mais cette disposition n'est pas nécessaire au point de vue de la solidité de l'ouvrage.

Les rampants des murs en aile au débouché des petites poternes dans les batteries basses, présentent un appareil en épi comme ci-dessus ; seulement, la construction en est un peu plus difficile à cause de la forme cylindrique de ces murs.

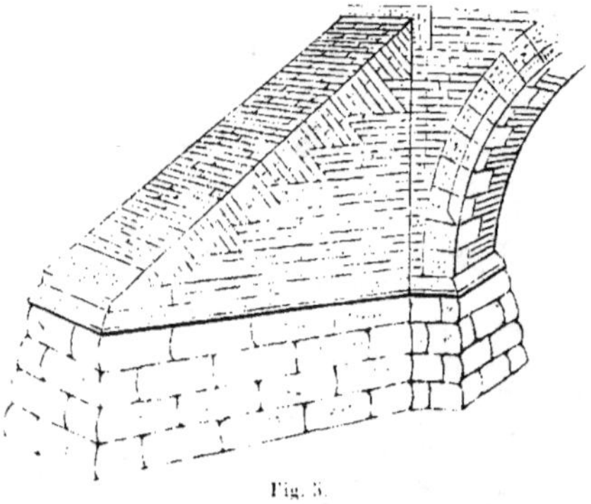

Fig. 5.

Dans l'établissement des crémaillères, on s'est généralement attaché à rendre l'appareil le plus simple possible pour éviter des complications ou des difficultés de taille. C'est pour ce motif que les surfaces inclinées des murs en aile ont été établies d'équerre sur les parements, sans s'astreindre à rester dans la direction des talus. Cet appareil réunit d'ailleurs le double avantage d'offrir une grande solidité et d'exiger peu de main-d'œuvre.

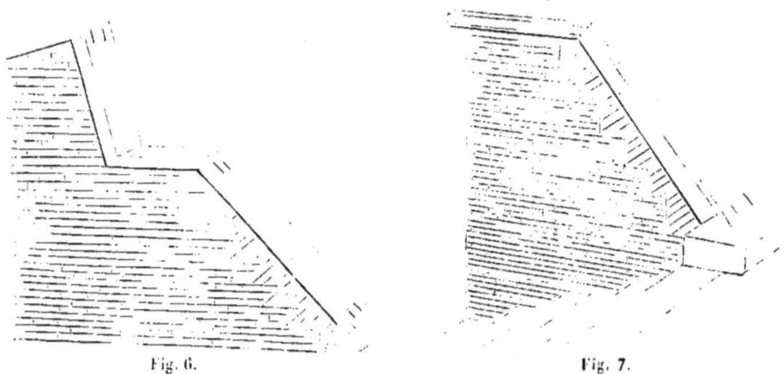

Fig. 6.   Fig. 7.

6. Les murs de profil du tambour, à l'entrée du réduit, sont couverts d'une tablette en pierre chanfreinée (fig. 6) reposant sur des épis en brique constitués comme ci-dessus. De petites pierres de taille

terminent d'ailleurs ces épis aux différents angles saillants et au pied du talus de banquette.

Le mur de profil du débouché supérieur des petits escaliers de la tête du réduit, est également couronné d'une tablette en pierre chanfreinée, en dessous de laquelle la maçonnerie est construite en épi, comme l'indique la fig. 7.

7. Les murs verticaux, tels que les parements d'escarpe et de contrescarpe, ainsi que les façades des petites batteries hautes, sont terminés par un couronnement en brique, d'une brique et demie de hauteur (fig. 8).

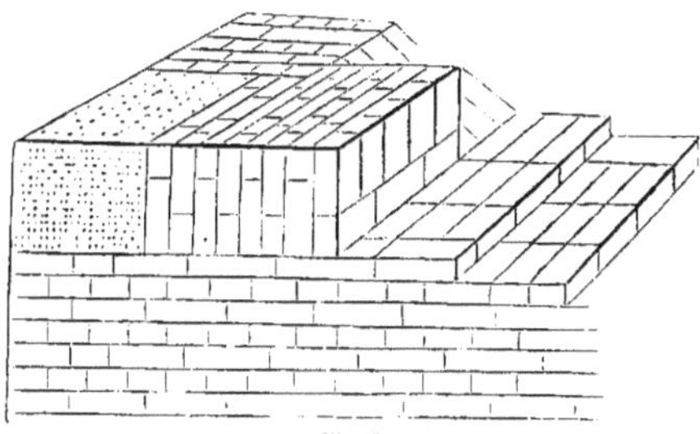

Fig. 8.

La façade du troisième étage du réduit, celle des grandes batteries hautes, et les entrées de quelques poternes sont garnies d'une tablette de couronnement en pierre de taille. Tantôt cette tablette pose sur un rouleau en brique de champ, comme on le voit à la batterie haute de gauche (fig. 9), et tantôt elle s'appuie immédiatement sur la dernière assise de brique.

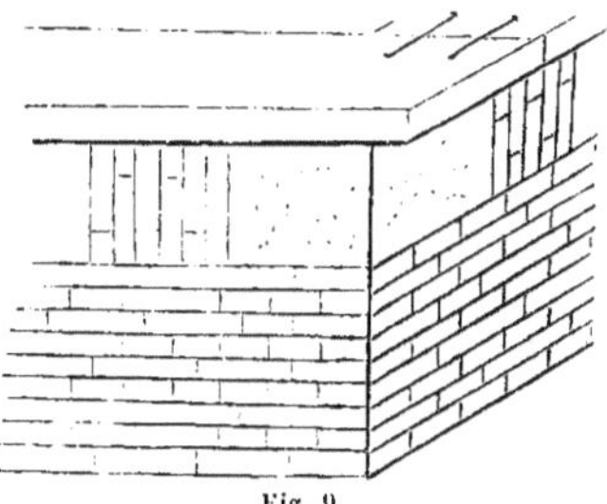

Fig. 9.

8. Toutes les pierres de taille engagées dans les murs, telles que les pierres de gond et de gâche, les seuils de fenêtre, les marches d'es-

calier, les pierres de genouillère, les clefs de voûte, etc., ont des dimensions en hauteur en rapport avec les assises de brique, pour éviter des arasements dont l'effet est toujours disgracieux.

9. *Maçonnerie en moellon.* Quoique ce genre de maçonnerie n'ait pas été beaucoup employé dans les ouvrages d'art du fort, nous en dirons cependant quelques mots parce qu'il est assez répandu dans les travaux d'Anvers, et, notamment, dans les grandes caponnières de l'enceinte.

L'appareil dont on s'est servi pour les piles et les culées du pont devant l'entrée du réduit, ainsi que pour les pieds-droits de la poterne et les murs du magasin à poudre de la demi-caponnière de droite, est celui connu sous la dénomination d'*opus antiquum* ou *opus incertum* (1) dont les Romains faisaient un fréquent usage.

Cet appareil, qui, bien exécuté, flatte agréablement l'œil, est formé de moellons ajustés sans rang d'assise et sans ordre, de façon à offrir au parement des joints dans toutes les directions.

L'intérieur de la maçonnerie est fait de blocage, c'est-à-dire de pierres brutes de différentes dimensions noyées dans le mortier.

10. Les piles et les culées du pont du réduit sont couronnées de tablettes en pierre de taille servant d'appui aux longerons du tablier et aux montants du garde-corps.

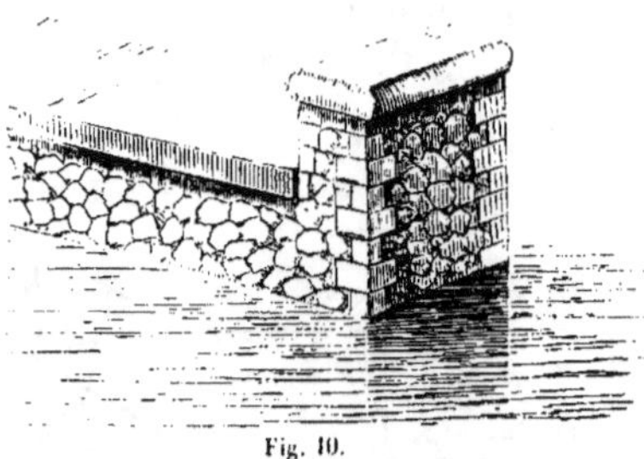

Fig. 10.

Les angles des piles sont garnis d'une chaine en moellon piqué formant harpe des deux côtés (fig. 10).

(1) **Cet appareil** se rencontre beaucoup dans les ouvrages d'art du midi de la France et en Italie.

Les parties rampantes des murs en aile de la culée de contrescarpe sont composées d'assises en libage assez irrégulières; tandis que les rampants de l'autre culée sont en pierre de taille (fig. 11).

11. Les pieds-droits de la poterne de la demi-caponnière de droite sont surmontés, à hauteur des naissances, d'un cordon en pierre chanfreiné au-dessus, et faisant saillie sur le nu du mur. Dans le magasin à poudre, ce cordon est remplacé par des moellons piqués dont l'arête supérieure est rabattue.

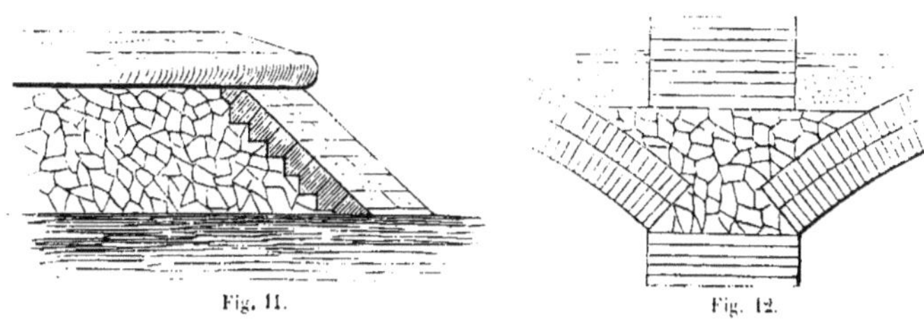

Fig. 11.   Fig. 12.

12. La plupart des voûtes du rez-de-chaussée du réduit ont leurs arasements, et quelquefois même leurs épaulements en maçonnerie de blocage (fig. 12) faite de moellons irréguliers, c'est-à-dire de pierres brutes de différentes dimensions placées à bain de mortier.

13. Dans d'autres forts du camp retranché, ainsi que dans quelques parties de l'enceinte où l'on a fait usage de la maçonnerie de moellon, l'appareil qu'on rencontre le plus souvent est celui connu sous la dénomination de *pseudisodomon*, formé d'assises régulières mais de hauteurs différentes. Les moellons des parements vus sont smillés, et l'intérieur des murs est rempli de maçonnerie de blocage.

Ces murs sont habituellement surmontés d'un cordon en pierre de taille, et les retours d'équerre et autres sont garnis de chaînes d'angle plus ou moins régulières en moellons piqués. Quant aux murs terminés par des surfaces inclinées, tels que murs en aile, murs de soutènement ou de profil, on s'est habituellement contenté, pour diminuer la dépense, de construire les rampants en maçonnerie de brique et en forme d'épi.

14. *Maçonnerie en bossage.* Le bossage, quoique d'origine fort ancienne, ne fut guère employé en Belgique dans les constructions militaires. On n'en retrouve du moins aucune trace ni dans les vieilles

murailles d'enceinte, ni dans les ouvrages plus récents. Ce n'est que depuis l'agrandissement d'Anvers qu'on l'a introduit dans les façades monumentales. A ce titre, nous croyons qu'il ne sera pas inopportun de dire quelques mots de ce genre de bâtisse, dont le goût semble vouloir se développer et s'étendre.

Les plus anciens peuples connus de l'antiquité employaient le bossage, peut-être pour donner à leurs constructions une apparence grossière, ou pour imiter les beautés de la nature. Ils se contentaient de dresser les surfaces de joint, et laissaient entièrement brutes les parties extérieures. C'est ce qu'on appelait le *rustique*. Par la suite, l'œil se familiarisa avec ce genre d'imperfection, on la crut l'effet de l'art, et ce qui n'avait été, sans doute, que le hasard du caprice, devint en quelque sorte le modèle du bon goût.

Les Grecs usèrent modérément du bossage, le style de leurs constructions ne s'y prêtant pas (1). On en voit néanmoins des exemples dans les soubassements de leurs édifices.

Les Romains, au contraire, en étendirent l'emploi aux murailles des villes et à leurs principaux monuments. Plus tard, le genre rustique entra même comme sujet caractéristique de style dans la décoration des édifices. L'amphithéâtre de Vérone fournit un exemple de bossage mûrement raisonné.

Au moyen âge, les architectes prodiguèrent davantage encore ce genre de construction, particulièrement en Italie. Les palais de Rome, de Gênes et de Florence en fournissent de nombreux exemples. Ces derniers surtout ont un tel caractère de force et de grandeur qu'on croirait plutôt y découvrir le cachet de certaines demeures féodales (2).

Le bossage se répandit ensuite rapidement dans tous les pays ; on l'employa même quelquefois sans mesure, sans discernement, dans les parties où il convenait le moins, comme il arrive presque toujours quand un style est dans le goût du temps.

(1) Quatremère de Quincy.

(2) Au palais Pitti, par exemple, les maçonneries en bossage sont formées de blocs ayant 4 à 5 mètres de longueur, et 80 centimètres à 1 mètre de hauteur.

En Allemagne, dans le Midi de la France et en Italie, nous avons vu ce genre de maçonnerie appliqué aux murailles de fortification et dans les façades des monuments. Partout où elle entre avec une réserve étudiée, elle produit un effet essentiellement grandiose.

Le bossage dont on a fait usage au fort n° 3, est plus grossier et plus accentué que celui qu'on rencontre dans les autres travaux d'Anvers. En général, il n'est employé que dans les soubassements, où il présente ce cachet de force et de rudesse qui convient si bien aux constructions militaires.

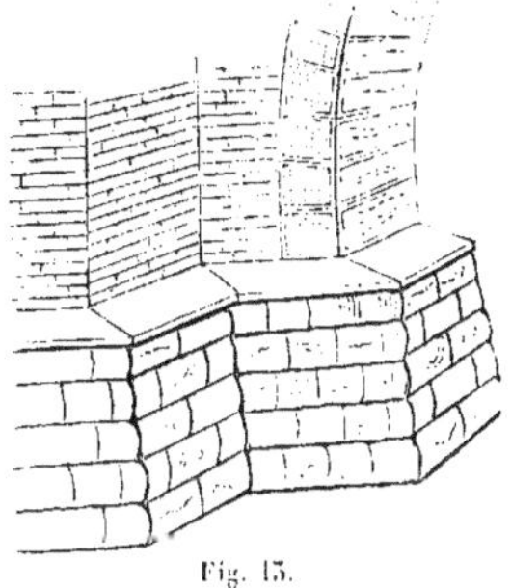

Fig. 13.

A la façade d'entrée du fort, le soubassement en bossage est surmonté d'un cordon en pierre de taille (fig. 13) ; tandis que, partout ailleurs, il se termine par un pan coupé taillé au fin ciseau dans la dernière assise de la maçonnerie (fig. 14).

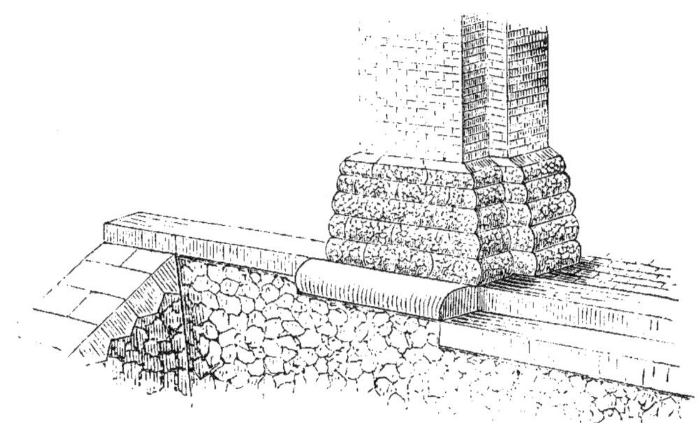

Fig. 14.

CHAPITRE III

DES VOUTES.

——

15. Les Égyptiens, qui sont les premiers peuples dont l'histoire nous ait conservé des souvenirs à peu près certains, connaisaient déjà l'art de construire les voûtes en pierre, mais ils n'en faisaient presque pas usage dans leurs édifices, peut-être pour des raisons de convenance, ou bien parce que le défaut de bois s'opposait à l'établissement des cintres et des échafaudages. La grande galerie obscure de la pyramide et quelques locaux inférieurs du labyrinthe sont voûtés (1). On a aussi découvert des vestiges d'arc dans la province de Féium (2).

Les Grecs, qui tirèrent de ces peuples leurs premières notions dans l'art de bâtir, ne paraissent pas avoir connu plus qu'eux les voûtes en brique ; mais ils avaient des connaissances étendues sur la manière de transporter et de mettre en place des pierres énormes servant à couvrir leurs édifices.

C'est aux Romains que semble revenir l'honneur d'avoir inventé la manière de voûter en brique ainsi qu'en maçonnerie de blocage ; car c'est dans le pays qu'ils habitaient qu'on en a retrouvé les plus anciens vestiges. Ils avaient d'ailleurs appris des Étrusques l'art de bâtir en

(1) Pline et Corneille de Bruyn.
(2) Pococke.

petites pierres avec du mortier, genre de construction tout à la fois simple, expéditif et économique, dans lequel ils excellaient.

Les plus anciens temples de Rome sont couverts de voûtes en blocage. Au cirque de Bavai, les voûtes sont en brique et reposent sur des piliers en maçonnerie de moellon alternant avec des chaînes en brique. Aux arènes de Fréjus, on voit encore des arceaux en blocage supportés par des épaulements en grandes briques plates de 4 centimètres d'épaisseur.

La construction des voûtes en blocage était simple et expéditive : après avoir solidement établi le cintre, on le recouvrait, sur une épaisseur de plusieurs pieds, de ciment mêlé de fragments de pierre ou de brique pilée, qu'on laissait durcir pendant quelque temps avant d'enlever la charpente.

En vue de rendre ces voûtes plus légères, on plaçait quelquefois dans la maçonnerie des urnes et des pots de terre cuite (1).

Les premiers architectes construisaient leurs voûtes en plein cintre, ou en arcs surbaissés formés d'un seul arc de cercle. Les monuments antiques nous ont laissé de nombreux exemples de ces deux variétés de courbure.

Par la suite, quand le genre gothique se répandit en Europe, après la chute de l'empire romain, l'arc en ogive remplaça partout l'arc de cercle et le plein cintre.

Aujourd'hui, on emploie toute espèce de voûtes, aussi bien dans les ouvrages de fortification que dans les constructions civiles.

18. La courbure d'une voûte dépend ordinairement de l'usage ou quel elle est destinée, et aussi de l'inspiration de l'ingénieur. On s'est servi dans le fort des voûtes suivantes :

1° *La voûte en berceau*, qui recouvre un espace rectangulaire en s'appuyant sur des naissances horizontales;

2° *La voûte annulaire*, qui est supportée par deux murs circulaires concentriques élevés à la même hauteur;

3° *La voûte conique* et *le conoïde*, qui reposent sur des pieds-droits non parallèles;

____

(1) Ce moyen était aussi employé dans les murs de refend et autres, pour que la voix s'étendît davantage.

4° *Les voûtes rampantes* ou *en descente*, qui portent sur des pieds-droits inclinés rectilignes ou curvilignes ;

5° *La voûte en arc de cloître*, qui recouvre une aire polygonale en s'appuyant sur tous les côtés ;

6° *Les voûtes d'arêtes*, qui sont formées par la rencontre de plusieurs voûtes s'élevant à la même hauteur ; enfin,

7° *Les voûtes sphériques*, celles en *cul-de-four*, et les voûtes en *calotte* ou *sphéroïdales*, qui recouvrent des aires circulaires ou des pièces affectant des formes variées, limitées par un assemblage de courbes ou de parties de polygones.

Toutes ces voûtes peuvent être en *plein cintre*, *surbaissées*, ou *surhaussées* selon les besoins de la situation ou les circonstances locales.

17. En général, la surface intrados d'une voûte est engendrée par une courbe assujettie à se mouvoir suivant une loi déterminée. On se sert indifféremment pour cela de l'ellipse, de la cycloïde, de la parabole, de l'ogive, etc.; ou bien encore de l'anse de panier à trois ou cinq centres, et de l'arc de cercle simple.

Les variations dans la hauteur d'une voûte n'ayant pas de bornes fixes, on voit qu'il existe une infinité de courbures de chaque espèce, toutes différentes les unes des autres.

On a aussi fait usage de l'arc renversé (1), formé d'un seul arc de cercle plus ou moins surbaissé, pour répartir uniformément sur le sol l'effort de la pesanteur.

18. La solidité d'une voûte en pierre dépend presque toujours de la manière dont elle est bandée ; mais il n'en est pas de même d'une voûte en brique, laquelle forme en quelque sorte un monolithe d'une grande homogénéité après la prise du mortier.

Les anciens ne prenaient pas le soin de bander les voûtes en pierre, parce qu'elles étaient presque toutes en blocage ; cependant, ils les fortifiaient quelquefois de distance en distance par des arcs en brique qui leur donnaient beaucoup de force, comme l'attestent encore un grand nombre de monuments antiques.

(1) On sait que ce mode de construction fut imaginé par Alberti, célèbre architecte florentin du xv° siècle, pour consolider les fondations des piles et des culées des ponts.

Les voûtes en pierre et en brique peuvent être bandées d'une infinité de manières ; souvent même on s'efforce à produire des effets bizarres par certaines dispositions particulières des joints ; mais tous ces arrangements n'ont d'autre mérite que celui de la nouveauté. La plupart des voûtes se bandent en spirale, en hélice, en losange, en étoile, en arête de poisson, etc.

Quels que soient les matériaux qui entrent dans la construction d'une voûte, il est essentiel que les surfaces de joint soient perpendiculaires aux surfaces intrados. De cette manière chacun des éléments forme coin, et l'assemblage se soutient solidement même sans le secours du mortier.

19. Les voûtes en berceau, surbaissées ou surhaussées, qui se terminent d'équerre, et dont les naissances sont horizontales, se bandent habituellement dans le sens de leur longueur, c'est-à-dire que les joints de lit sont des génératrices de la surface intrados.

On peut bander de la même façon les voûtes d'arêtes, formées par la rencontre de deux ou de plusieurs berceaux, les voûtes annulaires, celles en arc de cloître, etc. En général, cet appareil est celui qui convient le mieux sous le triple rapport de la simplicité, de la force et de la régularité.

Les voûtes coniques, quelle que soit leur courbure, se bandent indifféremment dans le sens de la clef, parallèlement aux naissances, ou diagonalement à ces lignes. Cette dernière disposition est surtout avantageuse et recommandable dans les pénétrations, parce qu'elle facilite la taille des voussoirs arêtiers.

20. Les voûtes se ferment au moyen de clefs qui se construisent en pierre ou en brique.

Les anciens attachaient généralement beaucoup d'importance à ces clefs, et les choisissaient d'ordinaire pour y placer des inscriptions, des symboles allégoriques, des ornements ou des figures caractéristiques.

Dans les arcs et dans les arcades du fort, on a fait usage de clefs à bossage, de clefs à pointe de diamant, et de clefs pendantes représentant les armes du pays, et les emblèmes de la royauté.

21. *Des cintres.* L'établissement d'un cintre de charpente est presque toujours une opération délicate quand il s'agit d'une grande voûte :

mais il n'en est pas de même dans les ouvrages militaires, où les ouvertures à couvrir ont rarement plus de six à huit mètres de largeur.

Un cintre doit pouvoir résister, sans se déformer, à tous les efforts de poussée ou de pression auxquels il est soumis pendant la construction de la voûte. Il se compose de fermes plus ou moins rapprochées, supportant un plancher dont la courbure est exactement celle de la surface intrados.

Nous n'entrerons pas dans de longs développements au sujet de la manière de composer ces fermes, mais nous dirons pourtant que celles employées au fort n° 5 consistaient généralement en une double rangée de courbes en planches de sapin chantournées de 25 millimètres d'épaisseur, clouées solidement les unes sur les autres et à joints recouverts. Ces courbes, connues sous le nom de *veaux*, étaient reliées par un entrait, et soutenues par un poinçon, ainsi que par un certain nombre de contre-fiches ; souvent même, quand il s'agissait d'une portée relativement grande, on consolidait encore les fermes par un sous-entrait disposé à peu près vers le milieu de la hauteur du poinçon.

Tous les cintres dont on a fait usage étaient des cintres fixes, c'est-à-dire qu'ils s'appuyaient sur des *sablières* ou *tables* disposées à hauteur des naissances contre les pieds-droits de la voûte, et soutenues par des montants. Les fermes étaient plus ou moins rapprochées, selon que la voûte avait plus ou moins de courbure, ou que son diamètre était plus ou moins grand.

Dans les berceaux, les voûtes coniques et les conoïdes, les fermes se placent normalement à l'axe et à égale distance les unes des autres ; dans les voûtes sphériques, en calotte, en cul-de-four, etc., on les dispose dans le sens des rayons, ou perpendiculairement à l'un des axes ; dans les voûtes annulaires, horizontales ou rampantes, on les dirige suivant les rayons ; dans les voûtes d'arête, on opère comme dans les berceaux, en ayant soin d'ajouter des parties de ferme vers les pénétrations, et même suivant ces lignes, s'il est nécessaire, pour mieux dessiner la courbure du cintre ; enfin, dans les voûtes en arc de cloître, les fermes se placent en diagonale et en croix, et le reste est garni de bouts de courbes posés en empanon et arrêtés aux courbes diagonales.

Les *couchis* sont ensuite cloués jointivement sur cette charpente, de manière à constituer un plancher ayant exactement la courbure voulue. C'est sur ce plancher que se trace l'appareil de la voûte, au moyen de la règle, de l'équerre et du compas, comme on le ferait sur une surface plane.

Indépendamment des deux sablières, le cintre est encore soutenu par une rangée de poteaux placés sous les poinçons, et même par d'autres poteaux intermédiaires quand la portée de la voûte le réclame. On relie enfin les poteaux du milieu par des traverses longitudinales, pour éviter tout déplacement de la charpente.

Description des appareils de voûte.

22. Les voûtes en brique se composent d'un certain nombre de rouleaux superposés et indépendants, d'une brique ou d'une brique et demie d'épaisseur, qui se construisent de la même manière que la maçonnerie d'élévation, en ayant soin de diriger les surfaces de joint normalement à la surface intrados.

Le premier rouleau est indifféremment appareillé en briques boutisses ou en losange ; les autres se font toujours en briques boutisses.

Dans les petites voûtes, les rouleaux n'ont qu'une demi-brique d'épaisseur, et les briques se posent en panneresse. C'est d'ailleurs l'appareil habituellement adopté en Angleterre, même pour les grandes voûtes, afin que les joints ne soient pas trop gros à l'extrados.

Quand une voûte ne doit avoir qu'une brique et demie d'épaisseur, on la compose d'un seul rouleau maçonné en liaison.

1. *Voûtes en berceau.*

23. Le fort renferme un grand nombre de voûtes en berceau ; les unes sont appareillées en losange, les autres sont entièrement construites en briques boutisses. Toutes ces voûtes ont leurs joints de lit dirigés parallèlement aux naissances.

Le tracé de l'appareil en boutisse est très-simple et demande à peine une explication ; on divise le cintre par des génératrices de la surface en un nombre impair de parties égales, d'après les dimensions des briques ; puis on trace un certain nombre de joints d'assise, ou montants, d'une naissance à l'autre. La voûte peut alors être construite en prenant le soin de placer exactement les joints montants sur le milieu des pleins.

24. Le tracé de l'appareil en losange exige un peu plus d'attention et s'exécute de la manière suivante : on commence par fixer *a priori* l'épaisseur des assises ; puis on recherche le nombre de tas que comporte le développement de la section droite de la voûte, en observant :

1° Que ce nombre soit impair pour qu'il y ait une assise de clef ; et

2° Qu'il soit tel, qu'augmenté ou diminué d'une unité, selon que les pieds-droits se terminent par une panneresse ou par une boutisse, le résultat soit divisible par quatre.

Ces deux conditions tiennent évidemment à ce que l'appareil en losange comporte cinq rangées de brique, et que la fermeture doit se faire par une assise en panneresse.

Un exemple rendra d'ailleurs ces explications plus sensibles : supposons qu'il s'agisse d'une voûte de 4 mètres d'ouverture commençant par un rang de boutisses, et que la largeur à donner aux assises soit approximativement fixée à 54 millimètres. Le développement de la section droite de la voûte étant de 6 mètres 28 centimètres, on aura d'abord, pour résultat d'épreuve, 116 assises ; mais ce nombre ne satisfaisant pas aux deux conditions imposées, on devra adopter le chiffre immédiatement inférieur 115, lequel *augmenté* d'une unité donne un résultat multiple de 4. On divise ensuite le cintre comme dans le cas précédent (n° 23) en donnant définitivement aux assises 0,0546 de largeur.

Si la voûte devait commencer par un rang de panneresses, il faudrait, au contraire, adopter le nombre impair 117 immédiatement supérieur, parce que ce nombre, *diminué* d'une unité, est un multiple de 4.

Habituellement, on trace sur le cintre la position des panneresses pour assurer la régularité de l'appareil et la bonne exécution de la voûte.

25. Ce que nous venons de dire s'applique particulièrement aux voûtes en berceau s'appuyant sur des naissances horizontales, comme les voûtes en décharge de la galerie d'escarpe, une partie des voûtes de la caponnière et des demi-caponnières, celles des magasins à

poudre, etc., mais quand les naissances sont inclinées, c'est-à-dire quand les voûtes sont légèrement en descente, comme celles des casemates des batteries hautes, on peut adopter un autre mode de construction également fort simple, et que voici : on prolonge sur le cintre les derniers rangs de brique des pieds-droits, et l'on élève ensuite régulièrement la maçonnerie jusqu'à la clef, où la fermeture s'opère tantôt en arête de poisson, et tantôt au moyen d'une crémaillère en brique dans laquelle les joints de lit sont dirigés perpendiculairement aux génératrices de la surface intrados (fig. 15). Quelquefois aussi ces crémaillères sont en pierre, comme dans la casemate centrale de la grande batterie haute du front latéral gauche.

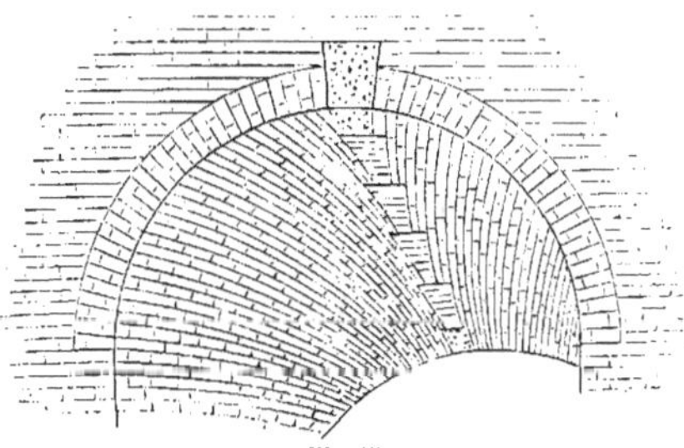

Fig. 15.

Ce genre de voûte s'appareille indifféremment en losange, de la même manière que les pieds-droits, ou en briques boutisses.

26. On peut également bander les berceaux en descente parallèlement aux naissances (n⁰ˢ 23 et 24), en terminant au préalable par des épis en brique les surfaces inclinées des pieds-droits. Dans ces

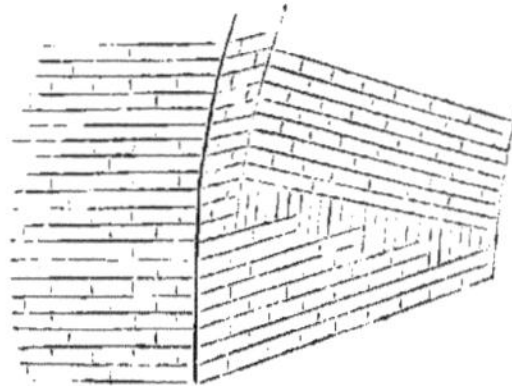

Fig. 16.

épis, les joints de lit sont verticaux ou perpendiculaires aux naissances de la voûte. Les berceaux en descente des casemates de la caponnière et des demi-caponnières sont construits de la sorte (fig. 16).

27. *Voûtes surbaissées.* En vue d'éviter l'établissement d'un grand nombre d'arrière-voussures au-dessus des portes, ou des pénétrations souvent peu solides, on a fait usage, dans beaucoup de cas, du berceau cylindrique surbaissé. Ce genre de voûte se rencontre particulièrement dans les poternes, aux endroits où débouchent des communications latérales, dans les vestibules des magasins à poudre, ainsi qu'aux principales entrées des bâtiments des fronts latéraux.

Ces berceaux ont pour section droite un arc de circonférence dont la flèche est plus ou moins grande, selon les besoins. Ils sont bandés parallèlement aux naissances, et appareillés les uns en briques boutisses et les autres en losange comme les pieds-droits.

Quand on doit employer dans la construction d'une voûte d'autres briques que celles qui ont servi à élever les pieds-droits, on peut interrompre l'appareil à hauteur des naissances au moyen d'un bandeau en brique. Tantôt ce bandeau couronne les pieds-droits, et tantôt il commence la voûte en s'appuyant contre les coussinets.

Ces deux combinaisons ont été indifféremment appliquées au bâtiment du front latéral droit, ainsi qu'au premier étage du réduit, pour mettre en œuvre des briques de petites dimensions (fig. 18, n° 31).

28. *Voûtes surhaussées.* On a fait usage de ce genre de voûte à la caponnière et au réduit pour éviter certaines inflexions choquantes dans les courbes de pénétration.

A la caponnière, par exemple, les galeries latérales ont même hauteur que les casemates, mais les portées sont différentes. Si l'on avait adopté partout le plein cintre, il y aurait eu deux plans de naissance différents, et les arêtes d'intersection, en changeant deux fois de courbure, eussent présenté à l'œil un contour disgracieux. C'est pour remédier à ce défaut architectonique que l'on n'a adopté qu'un plan de naissance unique, en surhaussant le berceau de la galerie d'une quantité égale *au quart* de la différence de largeur des voûtes, et en surbaissant de la même quantité les berceaux des casemates.

Quant aux sections droites, elles sont elliptiques : dans la première voûte, le grand axe est vertical et dans les autres il est horizontal.

Ces voûtes sont bandées parallèlement aux naissances suivant des génératrices des surfaces intrados, et appareillées en briques boutisses. Les courbes de pénétration sont construites d'après la méthode wallonne, c'est-à-dire que les arêtes montantes de douelle des briques arêtières sont situées dans des plans verticaux (n° 51).

2. *Voûtes annulaires.*

29. En général, on entend par *voûte annulaire* ou *en berceau tournant,* celle qui s'appuie sur deux murs circulaires concentriques de niveau, et dont la surface intrados est engendrée par la révolution d'une demi-circonférence, ou de toute autre courbe régulière, autour de la verticale passant par le centre de courbure des pieds-droits.

Ce genre de voûte, quelle que soit sa section droite, se bande habituellement suivant des parallèles de la surface intrados. Les joints d'assise sont alors formés par des plans méridiens, tandis que les joints de lit constituent des surfaces coniques de révolution engendrées par des normales à la surface intrados, et passant par les différents parallèles.

On peut aussi bander une voûte annulaire en inclinant plus ou moins les joints de lit sur la direction des naissances, comme on l'a fait dans un des corridors du réduit (n° 34, fig. 21).

Il existe dans le fort un grand nombre de voûtes annulaires : les unes sont en plein cintre, les autres sont surbaissées et ont pour section droite un arc de circonférence. Nous allons en décrire quelques-unes, et, notamment, celles qui présentent certaines particularités dans la manière dont elles sont bandées ou appareillées.

30. *Premier exemple.* La voûte du corridor de la tête du réduit, au rez-de-chaussée, s'appuie sur des pieds-droits circulaires concentriques qui se terminent aux deux extrémités d'un même diamètre ; elle a pour méridienne un arc de circonférence ayant $1/8^e$ de flèche, et se compose de deux rouleaux d'une brique d'épaisseur superposés et indépendants. Les intersections des joints de lit avec la surface intrados sont-des parallèles du tore, lesquels s'obtiennent en divisant la section droite en un nombre impair de parties égales, d'après l'épaisseur à donner aux tas de brique. Quant aux joints d'assise, il n'y a pas lieu de s'en préoccuper, puisqu'ils dérivent nécessairement de la forme des briques employées, ainsi que de l'inclinaison des joints de lit.

La voûte étant très-surbaissée et la portée assez grande, on a dû réduire autant que possible l'épaisseur du joint horizontal à l'intrados pour diminuer les tassements ; de plus, les arasements ont été construits en maçonnerie de blocage jusqu'à l'extrados du premier rouleau à la clef.

Grâce à ces précautions, le décintrement a pu se faire sans danger avant que le mortier eût fait prise, et le mouvement maximum a été insignifiant.

Cette voûte est appareillée en losange, par zones régulières comprises entre une série de méridiennes interceptant des angles égaux. Des crémaillères transversales, ayant pour axes ces méridiennes mêmes, rachètent les différences qui existent dans le développement des parallèles extrêmes, ou des naissances. Des briques boutisses sont placées de deux en deux tas, suivant l'axe des crémaillères, et se relient à des panneresses qui vont en diminuant dans chaque crochet depuis la plus grande base jusqu'à la plus petite. La fig. 17 représente le tracé du cintre.

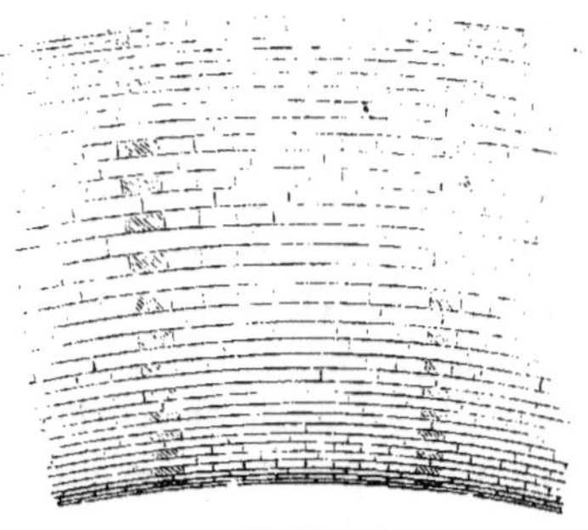

Fig. 17.

L'appareil qui précède ne laisse rien à désirer sous le rapport de la simplicité et de la facilité de construction. Aussi, l'avons-nous adopté de préférence dans la plupart des voûtes annulaires du réduit.

51. *Deuxième exemple.* Le corridor de la petite partie circulaire du réduit, au premier étage, est couvert d'un berceau tournant surbaissé en maçonnerie de brique, appareillé comme dans l'exemple qui précède ; seulement, les matériaux étant de moindres dimensions que ceux employés dans les pieds-droits, on a commencé la voûte par un

rouleau d'une brique et demie de hauteur s'appuyant contre les coussinets (fig. 18). De cette manière, on évite des joints d'assise disproportionnés, ou, ce qui est peut-être plus fâcheux encore, la superposition de quelques-uns de ces joints à hauteur des naissances.

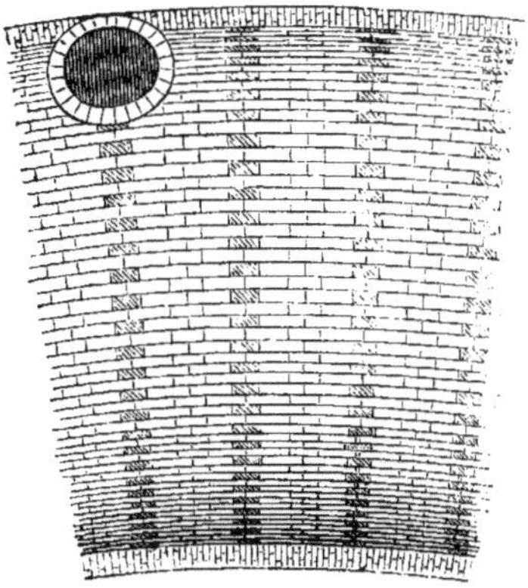

Fig. 18.

On arriverait nécessairement au même résultat en couronnant les pieds-droits par un rouleau en brique, comme nous l'avons fait dans quelques berceaux droits des bâtiments des fronts latéraux (n° 27).

52. *Troisième exemple.* Les petites poternes donnant accès dans les batteries basses de la gorge du fort, se composent d'une partie droite, perpendiculaire à la contrescarpe du réduit, et d'une partie courbe, tangente à la première, et débouchant dans le talus du rempart normalement à la direction de ce talus.

Les voûtes qui recouvrent ces poternes sont en plein cintre, et consistent en un berceau cylindrique rampant, se raccordant avec un berceau tournant également en descente. Les génératrices des deux surfaces intrados, à la clef, suivent d'ailleurs la pente régulière du sol, lequel rachète la différence de niveau qui existe entre le fossé du réduit et le terre-plein des batteries.

Les pieds-droits se terminent par des épis en brique formés de crochets très-allongés dans lesquels les joints de lit sont verticaux.

Les voûtes sont bandées parallèlement aux naissances, c'est-à-dire suivant des génératrices du cylindre qui se raccordent tangentiellement avec des parallèles de la surface annulaire.

3

L'appareil des deux voûtes est en briques boutisses ; mais afin de racheter la différence de longueur qui existe entre les deux naissances du berceau tournant (fig. 19), on a établi, suivant un certain nombre de méridiens, des crémaillères en brique commençant par une panneresse d'un côté, et allant en diminuant d'une naissance à l'autre, de manière à se réduire à une boutisse contre la plus courte naissance.

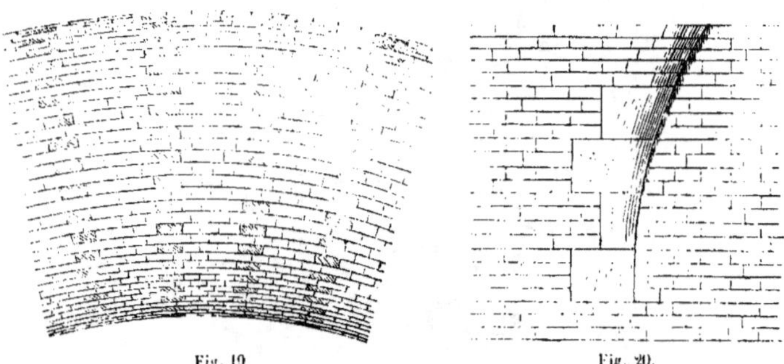

Fig. 19.   Fig. 20.

33. *Quatrième exemple.* Dans la brisure de la galerie d'escarpe en arrière de la caponnière, se trouve, de chaque côté, un quart de berceau tournant établi en prolongement tangentiel d'un berceau droit, et engendré par la révolution d'une demi-circonférence autour de la tangente verticale élevée à l'une des extrémités du diamètre.

Cette voûte est bandée et appareillée de la même manière que celles de l'exemple qui précède ; seulement, en vue de rendre le travail plus facile dans le voisinage de l'axe de rotation, on a employé (fig. 20) un certain nombre de voussoirs en pierre à partir de la naissance. **Par ce moyen, la taille des briques est rendue moins laborieuse, la voûte y gagne en solidité et son aspect en est plus agréable.**

34. *Cinquième exemple.* La voûte annulaire du couloir de la tête du réduit, au premier étage, est en plein cintre, et sa surface intrados est engendrée par la révolution autour d'un axe vertical, d'une demi-circonférence s'appuyant sur des naissances horizontales.

Dans les pieds-droits, sont ménagées des baies de porte et de fenêtre couvertes de voûtes en plein cintre ayant même plan de naissance que celui de la grande voûte.

La voûte annulaire se compose de cinq rouleaux superposés et indépendants, d'une brique d'épaisseur. Les quatre rouleaux supérieurs sont bandés concentriquement aux naissances, à la manière habituelle, et appareillés en briques boutisses, tandis que le premier rouleau présente une disposition peu commune : la surface intrados est subdivisée en panneaux réguliers qui s'étendent, d'une part, depuis les naissances jusqu'au parallèle à la clef, et qui sont compris, d'autre part, entre les méridiens passant par le milieu des baies ; chaque panneau est subdivisé lui-même en deux zones égales par un méridien à partir duquel les joints de lit se dirigent à droite et à gauche vers les naissances, en formant avec elles un angle constant de 45 degrés. La fig. 21 représente le tracé du cintre.

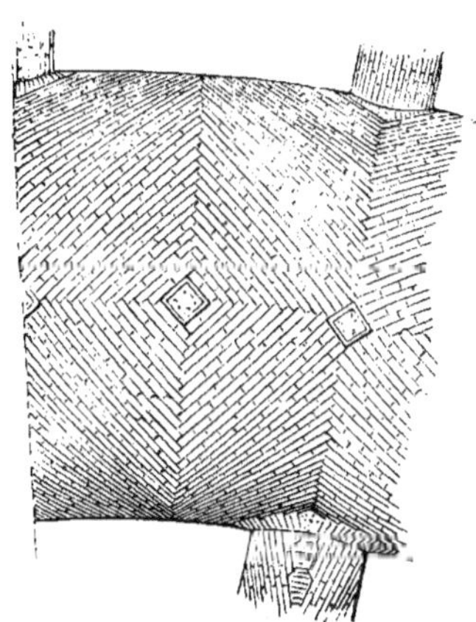

Fig. 21.

Le raccordement des assises de brique a lieu en arête de poisson, aussi bien suivant les méridiens qu'à la clef de la voûte, où se trouve, en outre, de distance en distance, un certain nombre de voussoirs en grès pour éviter l'emploi de morceaux de brique.

Dans chaque demi-panneau l'appareil est en losange.

Cette manière de bander une voûte annulaire est, sinon plus simple en apparence, du moins plus expéditive et plus commode que dans le cas où l'on opère suivant des parallèles de la surface intrados. Ce dernier moyen exige, en effet, l'emploi de nombreux gabarits, souvent difficiles à obtenir ou à manier ; tandis que l'autre s'exécute sans peine, avec le seul secours d'un compas et d'une règle flexible.

Un dernier bénéfice à retirer de la disposition dont il s'agit est un arrangement particulier de la brique, d'un effet original si l'on envisage l'ensemble de la voûte, à laquelle les joints d'assise donnent en quelque sorte de l'élancement ou de la hauteur, et d'une combinaison assez heureuse, quand l'œil n'embrasse qu'un seul panneau, ou qu'il se repose sur les détails des baies de porte ou de fenêtre.

35. *Sixième exemple.* La galerie casematée de la gorge du réduit, au second étage, est de forme circulaire, et sa voûte a pour intrados une surface annulaire engendrée par la révolution d'une demi-circonférence autour d'un axe vertical situé dans son plan. Cette voûte est pénétrée par les voûtes coniques des casemates qui lui sont tangentes suivant leur génératrice à la clef. Les axes prolongés de ces voûtes se rencontrent d'ailleurs en un même point de l'axe de rotation du berceau tournant. La fig. 22*a* représente le tracé du cintre.

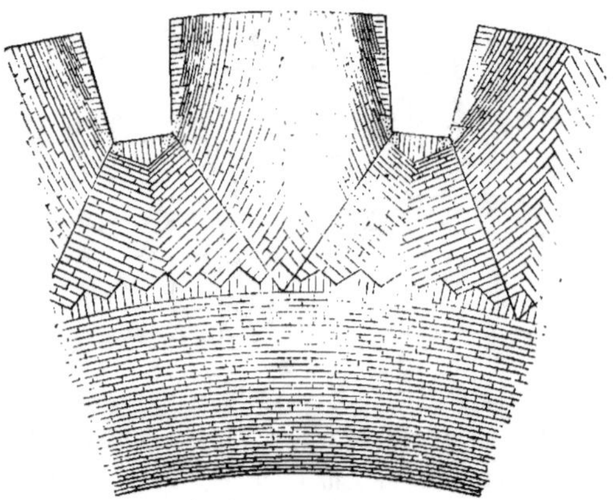

Fig. 22 *a*.

Le plan de naissance de la voûte annulaire est horizontal ; ceux des voûtes coniques s'inclinent vers l'extérieur en passant au-dessus du premier, en sorte que les arêtes saillantes de pénétration des surfaces intrados sont des lignes à double courbure ayant chacune un point d'inflexion à hauteur des naissances de ces dernières voûtes. Toutefois, ces points n'offrent rien de disgracieux à la vue, parce qu'on a pris soin de les accuser nettement par des voussoirs en grès (fig. 22*b*).

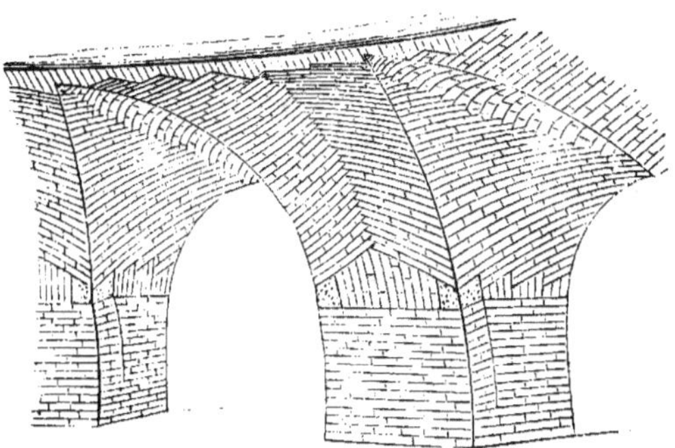

Fig. 22 *b*.

Les pieds-droits des casemates s'élèvent, du côté de la galerie, suivant le galbe de la voûte annulaire, et se terminent à l'intérieur par des épis en brique s'appuyant contre les voussoirs dont nous venons de parler et dans lesquels les joints de lit sont verticaux.

La demi-voûte annulaire opposée aux casemates est bandée horizontalement, c'est-à-dire que la surface intrados est divisée en douelles partielles égales par des parallèles et des méridiens.

Les surfaces coniques sont bandées suivant des hélices perpendiculaires aux courbes de pénétration, et le raccordement des assises a lieu à la clef de ces voûtes en arête de poisson. Ces assises s'appuient en outre contre des épis en brique qui terminent les pieds droits, et contre une crémaillère également en brique construite pour la fermeture de la voûte annulaire.

Le berceau tournant et les voûtes des casemates sont appareillés en losange, comme la maçonnerie d'élévation.

36. *Autre voûte du même genre.* Les culées arrondies des fronts latéraux comprennent une voûte d'arêtes en tour ronde, formée d'un berceau tournant, lequel est pénétré par deux niches crénelées dont les pieds-droits sont dirigés sur l'axe de la tour (fig. 23).

Ces différentes voûtes ont même plan de naissance horizontal et même montée. La voûte annulaire, ou le tore, est en plein cintre; les deux autres voûtes ont pour intrados une surface conoïde engendrée par une droite assujettie à rester sans cesse horizontale, et à glisser à la fois sur l'axe de la tour ronde et sur un arc de circonférence s'appuyant sur les naissances et dont le plan est perpendiculaire à l'axe de la niche.

La voûte annulaire est bandée concentriquement aux naissances, suivant des parallèles de la surface intrados, et appareillée en briques panneresses, à la manière anglaise, pour éviter de trop gros joints de lit à l'extrados.

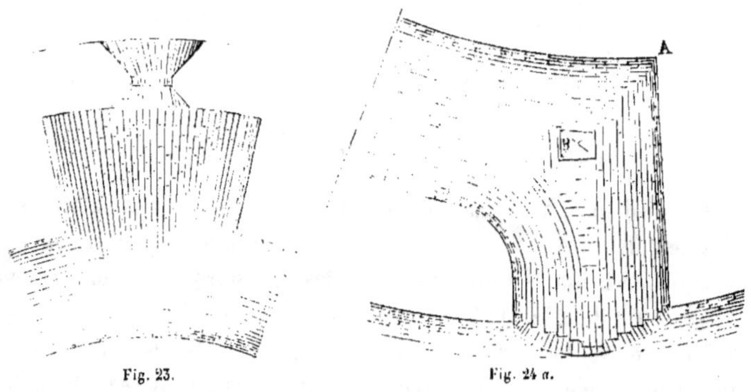

Fig. 23.   Fig. 24 a.

Les conoïdes sont aussi bandés parallèlement aux naissances ; mais leur appareil est en briques boutisses. Les assises se raccordent à la clef en arête de poisson.

Les courbes de pénétration sont construites d'après la méthode wallonne (n° 52).

57. *Voûte en berceau coudé.* La voûte de la poterne conduisant de la batterie haute de la gorge du réduit sur la plate-forme supérieure, consiste en un berceau coudé composé de deux parties de voûte annulaire, et d'une partie de berceau rampant se raccordant entre eux, le tout en plein cintre. La fig. 24a représente le dessus du cintre.

Les pieds-droits du berceau coudé se terminent par des épis en brique dans lesquels les joints de lit sont verticaux, et les naissances suivent une direction parallèle au sol (fig. 24b).

Une arête rentrante ou de cloître, projetée en AB (fig. 24a), forme la pénétration de la plus grande voûte annulaire avec le berceau rampant.

Les différentes parties de voûte dont il vient d'être question sont bandées parallèlement et concentriquement aux naissances, de la manière indiquée pour les berceaux droits et les voûtes annulaires (n°⁵ 25 et 29). Quant à l'intervalle triangulaire compris entre les parallèles des tores, à la clef, et la génératrice correspondante du berceau rampant, il est fermé par des assises de brique placées transversalement, comme le montre la fig. 24a. Un voussoir en grès complète d'ailleurs

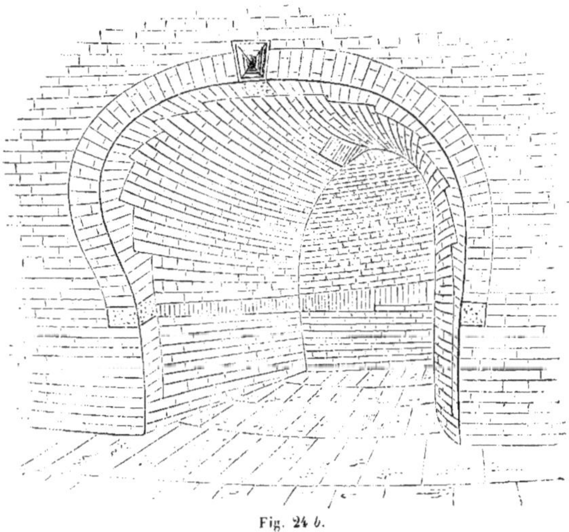

Fig. 24 b.

cette fermeture au sommet de l'arc de cloître, pour éviter l'emploi de morceaux de brique.

La voûte entière est appareillée en losange.

3. *Des voûtes coniques.*

38. Les locaux de la tête et de la queue du réduit ont leurs pieds-droits dirigés suivant les rayons de la figure, et se terminent aux deux bouts par des murs circulaires concentriques. Ceux du rez-de-chaussée sont couverts de voûtes surbaissées formées d'un arc de cercle ayant une flèche égale au cinquième environ de la portée ; tandis qu'à l'étage les voûtes sont en plein cintre et à l'épreuve de la bombe.

Ces voûtes reposent sur des pieds-droits invariablement terminés par des épis en brique qui suivent la pente des naissances (fig. 25a).

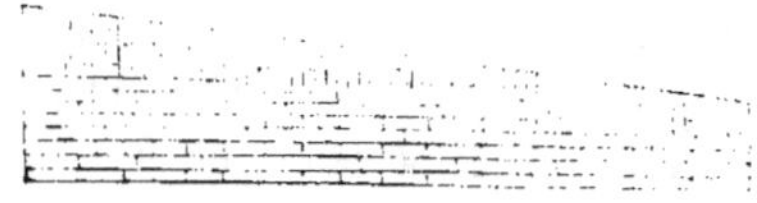

Fig. 25 a.

Leur génératrice à la clef est horizontale. Elles ont pour intrados une surface conique engendrée par une ligne droite assujettie à s'appuyer constamment sur l'une des courbes de tête. Nous allons donner les diverses combinaisons que nous avons adoptées dans la construction de ce genre de voûte.

Surfaces coniques surbaissées.

59. *Premier exemple.* La voûte est bandée en quelque sorte parallèlement aux naissances, suivant des courbes équidistantes qui s'obtiennent en portant des longueurs égales sur les deux cintres extrêmes

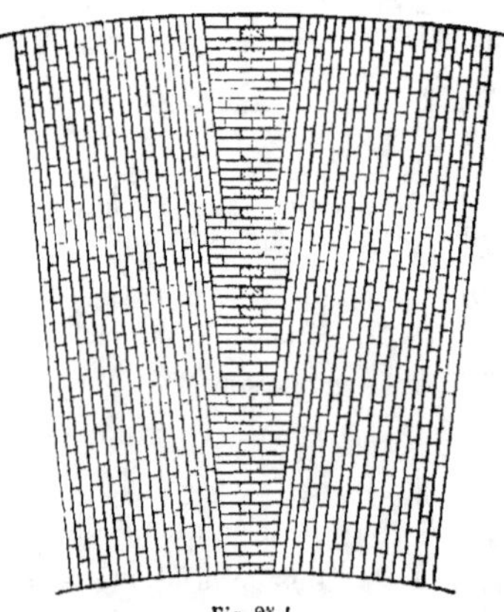

Fig. 25 b.

(fig. 25b). La fermeture a lieu au moyen d'une crémaillère en brique dans laquelle les joints de lit sont perpendiculaires à la génératrice à la clef.

Cet appareil offre une grande simplicité d'exécution et réunit toutes les conditions de solidité voulues. C'est l'appareil allemand ou russe appliqué à la maçonnerie de brique. Il produit un bon effet, quelle que soit d'ailleurs l'espèce de matériaux employés.

40. *Deuxième exemple.* La voûte est bandée comme dans l'exemple précédent, mais au lieu d'être fermée à la clef par une crémaillère en brique, les assises se raccordent simplement entre elles en arête de poisson (fig. 26).

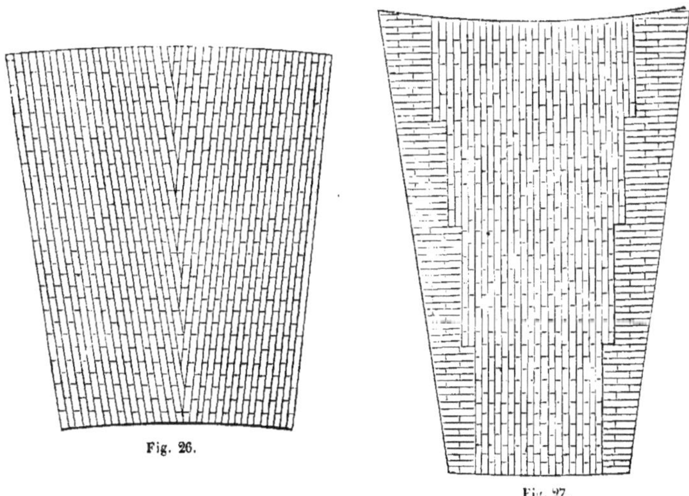

Fig. 26.

Fig. 27.

Ce système est sans contredit moins avantageux que le premier, en ce que le mode de fermeture des assises réclame des soins spéciaux et le concours des meilleurs ouvriers. D'un autre côté, l'aspect de la voûte est presque toujours choquant, à cause de l'extrême obliquité sous laquelle les tas se rencontrent, et aussi par le grand nombre de morceaux de brique employés dans le voisinage de la clef.

41. *Troisième exemple.* La voûte est bandée dans le sens de la génératrice supérieure de la surface intrados, suivant des courbes équidistantes, et les assises s'appuient contre deux crémaillères en brique reposant sur les coussinets, et dans lesquelles les joints de lit sont situés dans des plans perpendiculaires à l'axe du cône (fig. 27).

Les voûtes coniques qui précèdent sont indifféremment appareillées en briques boutisses et en losange, et se composent de deux rouleaux d'une brique d'épaisseur superposés et indépendants.

Dans le cas où il n'existe qu'une différence insignifiante dans le développement des deux courbes extrêmes de la voûte, on peut se dispenser de construire des crémaillères, soit à la clef, soit contre les coussinets, en dirigeant les joints de lit suivant les génératrices de la surface intrados. Cette disposition a été appliquée dans la galerie de contrescarpe du réduit, où les têtes des voûtes sont apparentes sur le mur de masque, et se raccordent comme l'indique la fig. 27b.

Fig. 27 b.

Surfaces coniques en plein cintre.

42. *Premier exemple.* La plupart des voûtes du premier étage du réduit sont bandées d'une manière analogue aux berceaux des caves à canon des batteries hautes (n° 25), c'est-à-dire que les joints de lit des pieds-droits se prolongent d'abord dans la voûte suivant des courbes équidistantes, et que le même mode de construction est continué ensuite jusqu'à la clef, où les assises se ferment contre une crémaillère en brique dans laquelle les joints de lit sont perpendiculaires à la génératrice supérieure de la surface intrados.

43. *Second exemple.* La voûte est bandée de la même manière que ci-dessus ; mais la crémaillère en brique est remplacée par un raccordement en arête de poisson, comme à certaines voûtes surbaissées de l'étage inférieur (n° 40).

Les deux combinaisons qui précèdent sont appareillées tantôt en briques boutisses et tantôt en losange. Les voûtes ont quatre rouleaux superposés d'une brique d'épaisseur.

4. *Voûtes sphériques.*

44. *Premier exemple.* Les petites voûtes adossées aux cages d'escalier de la tête du réduit sont sphériques aux deux étages, et leur surface intrados est engendrée par la révolution complète d'un quart de circonférence autour de son rayon vertical.

Trois de ces voûtes sont bandées horizontalement suivant des parallèles qui partagent la sphère en zones d'égale largeur, et leur appareil est en briques boutisses.

Ce mode de construction permet d'élever les maçonneries sans autre secours que celui d'un gabarit mobile, disposé de façon à engendrer la surface intrados. On sait, en effet, que ces voûtes se soutiennent d'elles-mêmes pendant la construction, pourvu toutefois que la fermeture de la dernière assise à laquelle on s'arrête soit complète.

En vue d'éviter l'emploi de morceaux de brique dans le voisinage de la clef, on ferme ces voûtes au moyen d'un voussoir en grès, ou *trompillon*, présentant la forme d'un tronc de cône.

45. *Second exemple.* La quatrième calotte sphérique est bandée de la manière suivante : il n'existe qu'un seul joint de lit continu, en forme de spirale, depuis la naissance jusqu'au sommet de la voûte, et

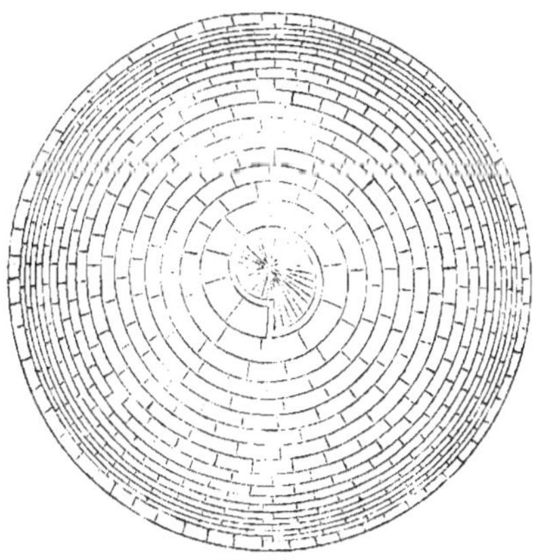

Fig. 28 *a.*

la fermeture a lieu au moyen d'un trompillon en pierre. La fig. 28*a* représente le tracé de la surface intrados, vue du dessous.

Le pied-droit est couronné par un rouleau en briques de champ qui se termine en pente suivant la direction de la spirale; *le pas* de celle-ci est égal à la hauteur d'une assise de brique.

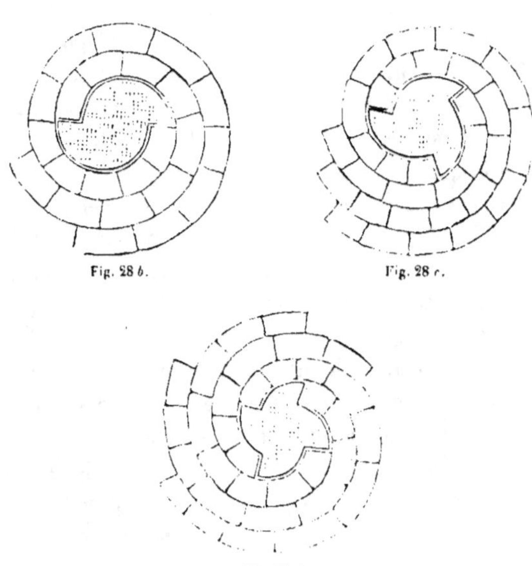

Fig. 28 b.

Fig. 28 c.

Fig. 28 d.

On pourrait aussi bander ces voûtes comme l'indiquent les fig. 28b, 28c et 28d, lesquelles représentent les formes à donner aux trompillons, ainsi que la disposition des assises voisines de la clef. Dans ces différents cas, les naissances devraient être établies en crémaillères et comprendre le même nombre de crochets qu'à la clef.

5. *Voûtes en sphéroïde.*

46. Les voûtes qui couvrent les latrines au rez-de-chaussée et à l'étage du réduit sont en sphéroïde : la première est fortement surbaissée, tandis que l'autre est en plein cintre, du moins dans la section transversale passant par le milieu du local. Ces deux voûtes s'appuient sur des pieds-droits circulaires excentriques ayant leurs centres sur la capitale du réduit et se présentant leur concavité.

47. La surface intrados de la voûte du rez-de-chaussée (fig. 29) est telle que toutes les sections faites par des plans verticaux parallèles au plan de symétrie transversal, sont des arcs de circonférence ayant respectivement pour flèche le cinquième de la portée.

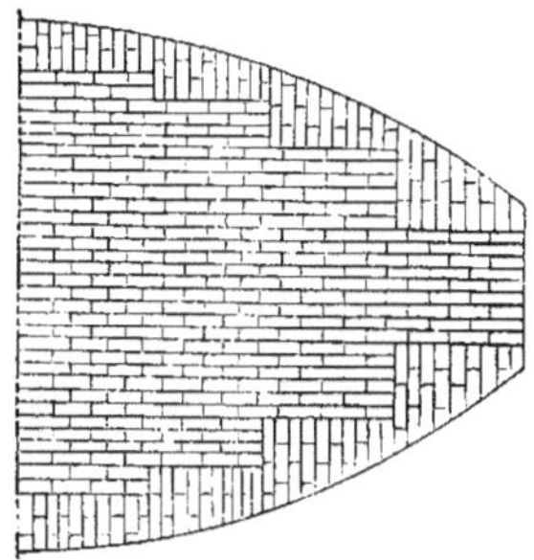

Fig. 29.

Cette voûte est bandée dans le sens de la plus grande longueur, suivant des courbes équidistantes tracées à partir de la clef, et se prolongeant vers les naissances où elles s'arrêtent contre des crémaillères en brique qui reposent sur les coussinets. Dans ces crémaillères, les joints de lit sont perpendiculaires à la direction des assises.

48. A l'étage, la courbure de la voûte sphéroïdale est plus prononcée et son mode de génération est différent; les sections faites par des plans verticaux parallèles à la ligne des centres de courbure des pieds-droits sont encore des arcs de circonférence, mais ces arcs (fig. 30a) s'appuient sur une autre portion de circonférence située

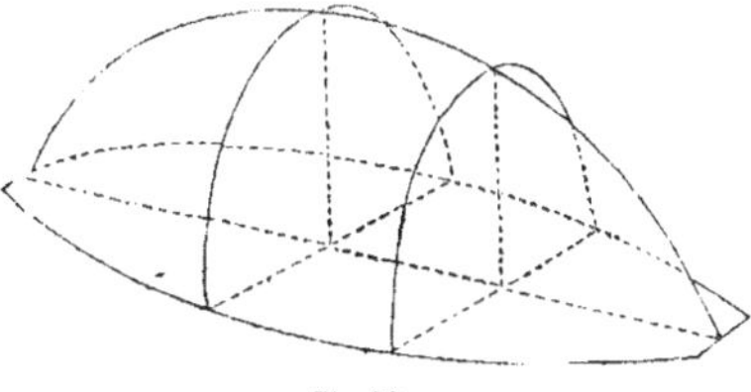

Fig. 30 a.

dans le plan longitudinal passant par le milieu du local, et décrite avec une flèche égale au quart de la longueur. Les extrémités de ce dernier arc reposent d'ailleurs sur le milieu des pans coupés extrêmes, à hauteur des naissances.

Cette voûte est bandée dans le sens des naissances, suivant des courbes équidistantes qui s'obtiennent en portant des longueurs égales sur un certain nombre de sections transversales. Au sommet de la calotte se trouve un trompillon allongé en brique et en pierre, dans lequel les joints de lit ont une direction parallèle à la largeur de la voûte (fig. 30*b*).

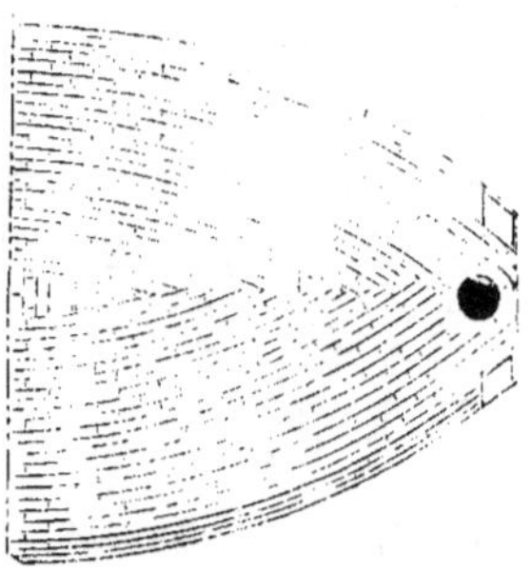

Fig. 30 *b*.

Six voussoirs en pierre sont placés aux différents angles des naissances et aux extrémités du trompillon, pour éviter l'emploi de morceaux de brique.

L'appareil de cette voûte est en briques boutisses, et le raccordement des tas a lieu en arête de poisson suivant la courbe directrice longitudinale.

6. *Voûtes en arc de cloître.*

49. Les tourelles des façades, aux entrées du fort et du réduit, ont en plan une forme octogonale régulière, et sont couvertes de voûtes en arc de cloître composées chacune de quatre berceaux en plein cintre ; ces berceaux se pénètrent deux à deux et produisent des arêtes rentrantes elliptiques qui se projettent suivant les diagonales de la figure (fig. 31).

La surface intrados de la voûte est ainsi divisée en huit zones cylindriques égales, lesquelles sont bandées parallèlement aux naissances à la manière habituelle, et appareillées en briques boutisses.

Un joint continu existe suivant chaque arète rentrante, et la voùte est fermée par un trompillon en pierre à huit pans.

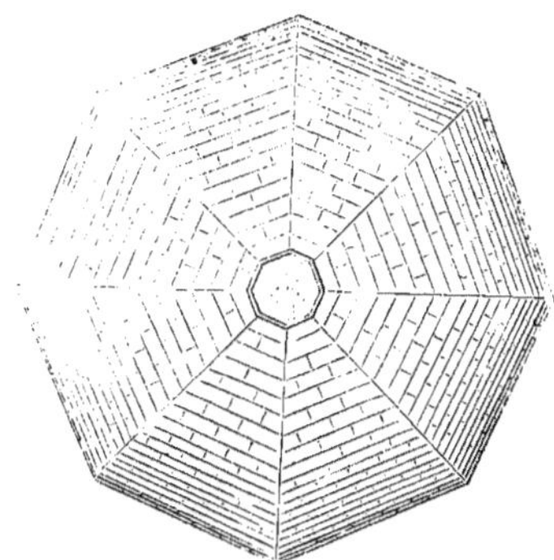

Fig. 31.

Ce mode de construction est assez avantageux et convient parfaitement pour les petites voùtes comme celles dont il s'agit ; mais pour des voùtes plus grandes, il serait préférable de composer les arètes rentrantes de pénétration au moyen de chaines continues en pierre, se reliant avec les maçonneries voisines, et formant harpe des deux côtés.

7. *Voûtes d'arêtes.*

50. **Dans** les bâtiments des fronts latéraux, se trouvent un certain nombre de voûtes d'arètes semblables produites par des berceaux cylindriques en plein cintre qui se pénètrent à angle droit. La plupart de ces berceaux ont même plan de naissance, même ouverture et même montée, en sorte que les courbes d'intersection des surfaces intrados sont des ellipses ayant pour projections horizontales les diagonales du carré formé par les prolongements des parements intérieurs des pieds-droits.

Ces différentes voùtes sont bandées parallèlement aux naissances, suivant des génératrices des surfaces intrados et appareillées en losange. Elles ne diffèrent entre elles que par le mode de construction des arètes saillantes.

51. *Premier exemple* (fig. 52). Les courbes de pénétration sont

construites d'après la méthode wallonne, c'est-à-dire que les joints d'assise des briques formant *voussoirs arêtiers* sont respectivement perpendiculaires aux joints de lit dans les deux berceaux.

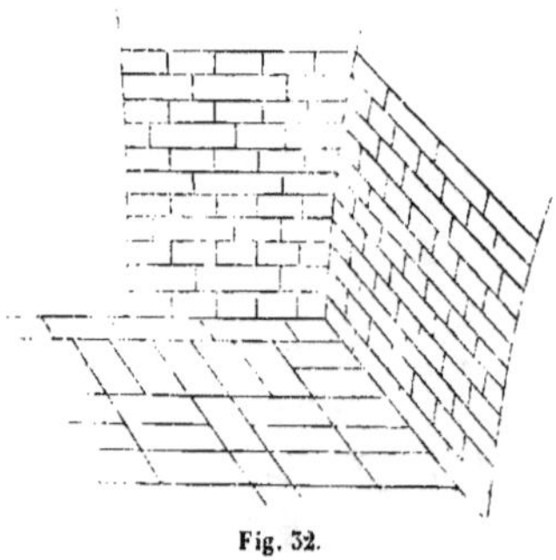

Fig. 32.

52. *Deuxième exemple* (fig. 33). Les ouvriers flamands accordent la préférence à une autre combinaison qui consiste à tailler les briques arêtières de façon que les joints d'assise soient alternativement perpendiculaires et obliques à la direction des joints de lit dans les deux voûtes.

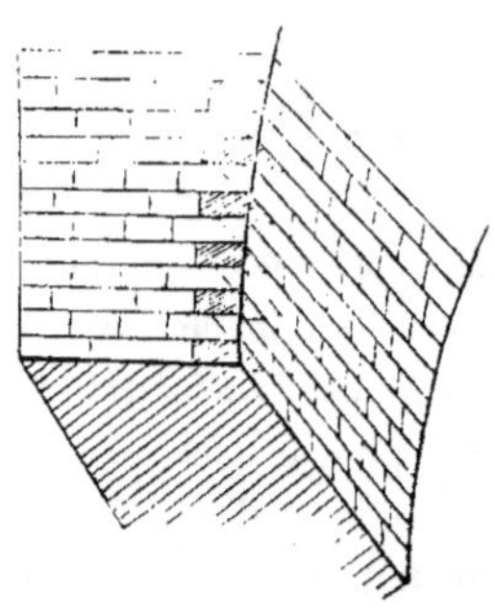

Fig. 33.

Cet appareil est, sans contredit, moins solide et d'un aspect moins agréable que le précédent, à cause de l'extrême obliquité des joints d'assise en certains endroits, particulièrement dans le voisinage des naissances.

53. *Troisième exemple.* Une chaîne ou crémaillère en brique, com-

prenant un nombre égal d'assises en hauteur dans les deux berceaux
(fig. 34a), règne sur toute l'étendue des arêtes saillantes. Cette chaîne

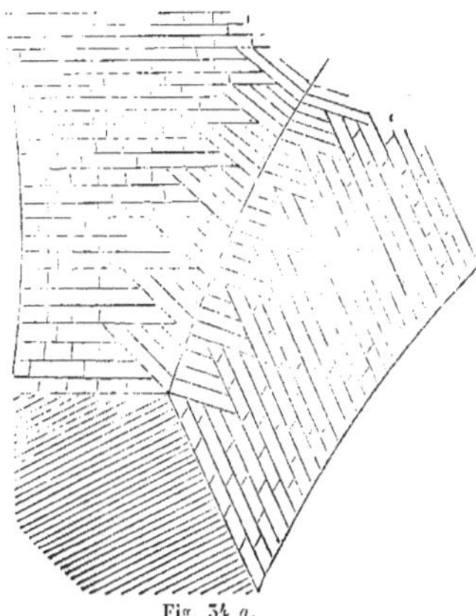

Fig. 34 a.

est formée de neuf crochets, dans lesquels les assises ont une direction
perpendiculaire aux courbes d'intersection, sauf dans le voisinage des
naissances où les joints de lit se relèvent un peu pour éviter des rac-
cordements trop aigus.

Fig. 34 b.

La voûte d'arêtes est fermée par une clef en pierre, ou trompillon,
de forme octogonale. La fig. 34 b représente l'appareil de cette voûte
au point de croisement des arêtes.

4

Mais cette combinaison n'est réellement avantageuse que dans les voûtes surbaissées, où tous les joints de lit peuvent rester perpendiculaires aux arêtes de pénétration.

54. *Quatrième exemple*. Au lieu de donner aux crochets la forme anguleuse indiquée plus haut, on les a aussi terminés perpendiculairement aux joints de lit des berceaux, comme cela se pratique d'habitude dans les voûtes en pierre. La fig. 55 représente le tracé du cintre.

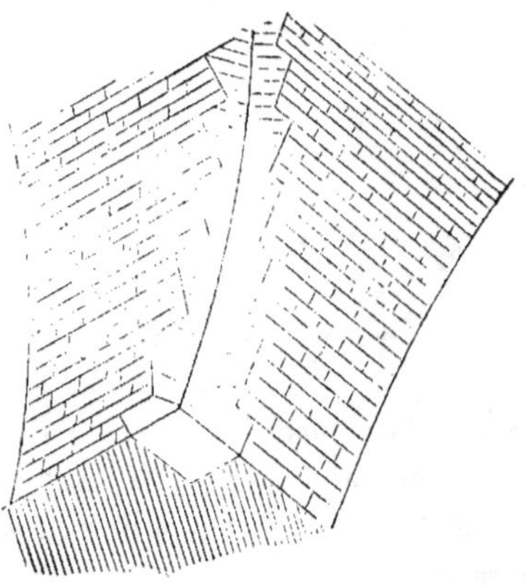

Fig. 55.

La clef est en brique et consiste en un certain nombre d'assises dirigées dans le sens des génératrices de l'une des surfaces intrados.

Nous avons vu un appareil semblable, mais en pierre de taille grise, à l'une des portes neuves de la ville de Toulon, où les maçonneries sont exécutées avec un tel soin, qu'elles passent, aux yeux des connaisseurs, pour de petits chefs-d'œuvre d'ouvrages d'art.

55. *Cinquième exemple.* Les crémaillères en brique dont il s'agit dans le précédent exemple sont remplacées par de petits voussoirs arêtiers en grès qui ne comprennent que deux assises de brique de hauteur (fig. 56 a). Les joints de lit de ces voussoirs se dirigent d'abord suivant des génératrices des surfaces intrados, et tombent ensuite perpendiculairement sur les arêtes de pénétration.

La voûte d'arêtes est fermée par un trompillon en grès qui présente

quatre angles rentrants (fig. 36 *b*) dans lesquels s'emboîtent les extrémités des derniers voussoirs arêtiers.

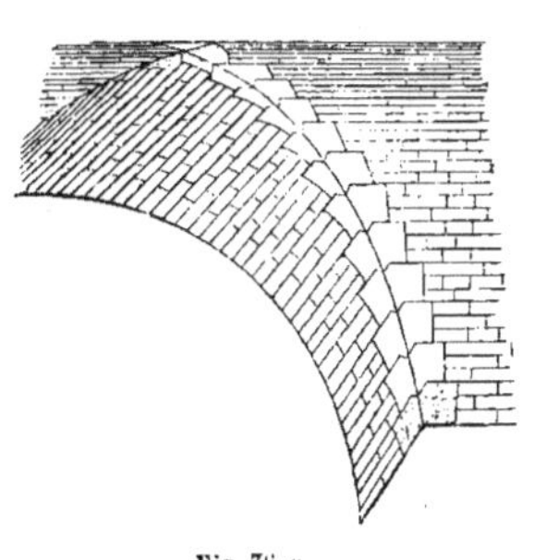

Fig. 36 *a*.

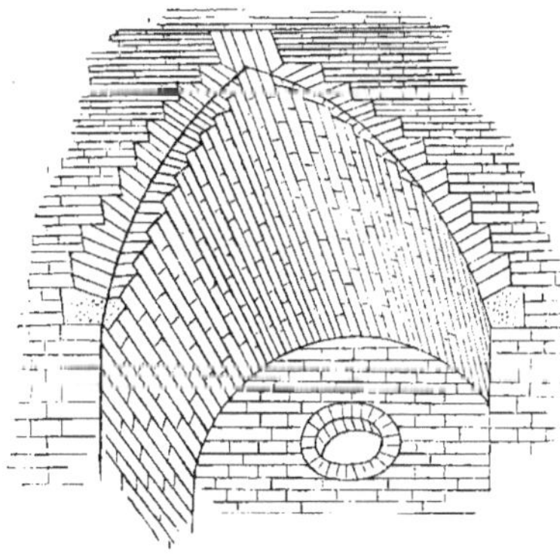

Fig. 36 *b*.

56. *Sixième exemple.* On voit aussi dans les bâtiments des fronts
latéraux, une voûte d'arêtes barlongue formée par deux berceaux ayant
même longueur, mais dont les diamètres sont différents.

Fig. 57.

Une chaîne ou crémaillère en brique (fig. 57), disposée comme au
n° 53, règne suivant les arêtes saillantes; mais les crochets de cette
chaîne ne comprennent pas un égal nombre d'assises en hauteur dans
les deux voûtes, à cause de la différence qui existe dans le développement des sections droites.

57. *Septième exemple.* La voûte qui couvre le palier supérieur du
grand escalier conduisant à la galerie haute du réduit, est pénétrée par

celle du passage vers cette galerie. La première voûte est annulaire, la seconde est tronconique ; elles ont même montée et les lignes de clef sont horizontales et perpendiculaires l'une à l'autre.

La voûte du palier est bandée concentriquement aux naissances suivant des parallèles de la surface annulaire ; celle du passage a pour joints de lit des courbes équidistantes déterminées à partir des naissances, en prenant des longueurs égales sur les deux demi-circonférences des bases. La fermeture de cette dernière voûte a lieu au moyen d'une crémaillère en brique, dans laquelle les assises ont une direction perpendiculaire à la génératrice à la clef de la surface intrados.

Les arêtes d'intersection, qui ne sont plus ici des courbes planes comme dans les exemples précédents, sont garnies de chaînes ou crémaillères en brique construites comme au n° 54.

Une clef en pierre, de forme pentagonale, ferme les deux voûtes au point de tangence des surfaces intrados.

58. *Huitième exemple*. La voûte qui couvre chacun des vestibules situés au pied des petits escaliers de la tête du réduit, est pénétrée à

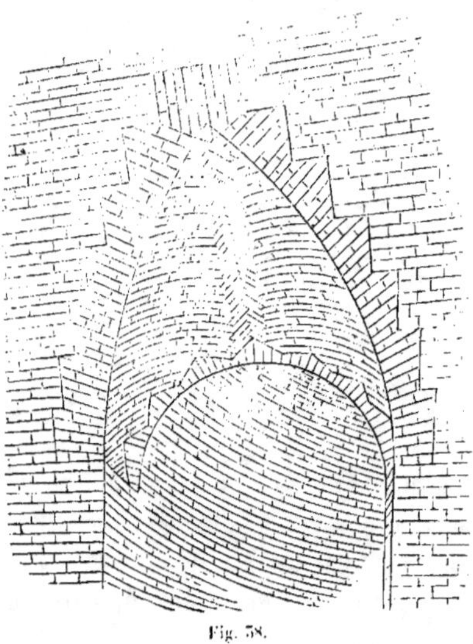

Fig. 58.

angle droit aux deux étages, par une voûte cylindrique ayant même plan de naissance et même montée que la première, mais une largeur différente. Ces voûtes ont pour section droite un arc de circonférence et sont appareillées en briques boutisses.

Le berceau surbaissé du vestibule est bandé parallèlement aux naissances (fig. 38) ; l'autre berceau a pour joints de lit des hélices perpendiculaires à la direction des arêtes saillantes, et les assises se raccordent entre elles en arête de poisson suivant la clef, tandis qu'elles se terminent, à la partie inférieure, contre des crémaillères en brique reposant sur les naissances. Ces assises sont d'ailleurs prolongées en partie dans le premier berceau, où elles forment une chaîne constituée comme au n° 53.

59. *Neuvième exemple.* Quelques locaux de la queue du réduit, au premier étage, communiquent entre eux par des baies voûtées ayant même hauteur sous clef que les voûtes coniques qu'elles pénètrent, mais dont les naissances sont à des niveaux différents.

Cette disposition donne lieu à une nouvelle variété de voûtes d'arêtes que nous allons décrire ;

Les voûtes coniques sont, comme on sait (n° 58), en plein cintre, et la voûte qui recouvre chaque baie de passage est un berceau cylindrique surbaissé qui a pour section droite un arc de circonférence. Les génératrices supérieures des deux surfaces intrados sont horizontales et à peu près perpendiculaires l'une à l'autre.

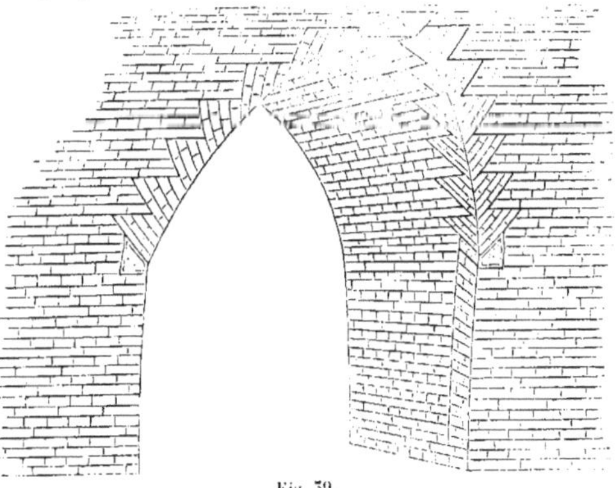

Fig. 59.

Les premières voûtes sont bandées d'après les indications du n° 43, tandis que la voûte du passage a ses joints de lit dirigés suivant des génératrices de la surface cylindrique (fig. 59). Les arêtes des pieds-droits, interceptées entre les deux plans de naissance, sont d'ailleurs garnies d'un bandeau apparent d'une brique de largeur.

Une chaine en brique, établie comme au n° 53, règne suivant les courbes d'intersection, depuis les naissances de la baie jusqu'au sommet de la voûte, où se trouve une clef carrée en pierre.

Des voussoirs, également en pierre, sont placés à l'origine des arêtes pour accuser plus nettement les points d'inflexion, et faire disparaître en même temps l'aspect disgracieux qui résulte du changement de courbure de ces lignes.

8. *Des escaliers.*

60. On rencontre dans le fort plusieurs genres d'escaliers recouverts de berceaux en descente en plein cintre : les uns sont compris entre deux murs parallèles droits ou courbes, et les autres sont de l'espèce dite vis à noyau plein. Tous ces escaliers sont *à repos*, c'est-à-dire que les marches s'engagent par les deux bouts dans la maçonnerie et se composent d'une seule rampe ou *volée*, à l'exception des escaliers de la poterne du réduit qui en ont deux.

Dans ces rampes, on s'est affranchi de la règle habituellement suivie qui fixe à vingt et un le nombre *maximum* de marches à employer par volée, à cause des inconvénients auxquels des paliers eussent donné lieu, principalement dans les parties obscures. Les marches ont partout 165 millimètres de hauteur pour se raccorder avec les assises de brique. La largeur du giron, comptée sur la *ligne de foulée*, est une quantité qui varie de 22 à 30 centimètres d'un escalier à l'autre.

Escaliers à rampes droites.

61. *Premier exemple.* Les escaliers conduisant sur le terre-plein du redan de gorge sont formés de deux rampes droites, perpendiculaires entre elles et séparées par un palier. Les rampes sont couvertes de berceaux en descente, tandis que le palier est surmonté d'un berceau ordinaire horizontal. Les pieds-droits des premières voûtes se terminent, à hauteur des coussinets, par des épis ou crémaillères en brique formées d'assises verticales.

Les deux voûtes supérieures sont bandées parallèlement aux naissances à la manière habituelle. Leur arête saillante de pénétration est garnie d'une chaîne en grès formant harpe des deux côtés, et dans laquelle les voussoirs ont une hauteur constante égale à trois assises de brique.

La tête du berceau en descente présente un bandeau apparent d'une brique et demie de largeur, extradossé parallèlement et fermé par une clef en brique en forme de voussoir (fig. 40).

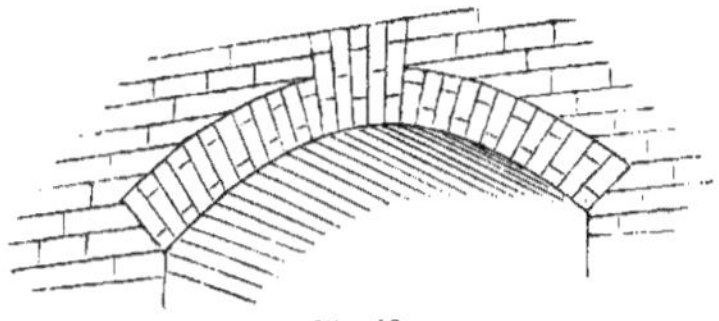

Fig. 40.

Le berceau rampant inférieur est terminé à ses deux extrémités par des parties de berceau droit dont l'une pénètre la voûte du palier et l'autre le berceau en descente de la poterne.

Ces trois dernières voûtes sont bandées et appareillées de la même manière que la précédente; mais il n'existe entre elles aucune dépendance, et les arêtes de pénétration, qui sont l'une saillante et l'autre rentrante, présentent un joint continu sur tout leur développement.

Cet appareil est sans contredit fort simple et d'une application facile et avantageuse; néanmoins il laisse beaucoup à désirer sous le rapport de la solidité et de l'aspect.

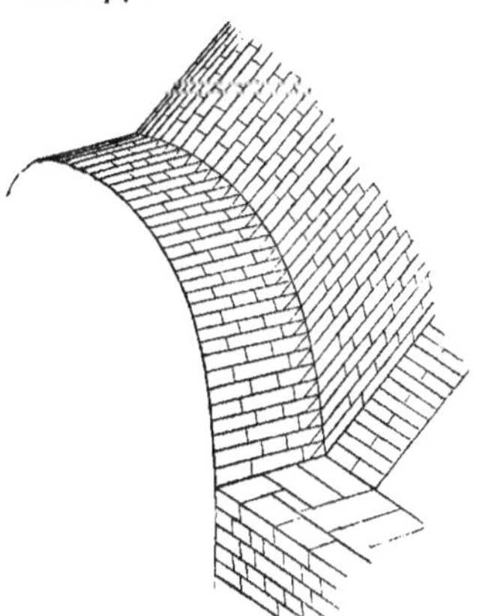

Fig. 41

62. *Second exemple.* Au fortin n° 3, construit en 1853, nous avons adopté, dans un cas semblable, un autre arrangement, qui consiste à bander d'abord le berceau droit inférieur parallèlement aux naissances (fig. 41), et à prendre ensuite pour joints de lit de la voûte rampante les génératrices de la surface intrados menées par les extrémités des joints de l'autre voûte. De cette

manière, la largeur des assises augmente des coussinets à la clef, et l'arète saillante peut être appareillée à liaison. Mais cette disposition n'est guère recommandable à cause de la grande main-d'œuvre qu'elle exige.

Escaliers à rampes courbes.

65. Les trois grands escaliers de la gorge du réduit sont à rampes courbes et couverts de berceaux en descente bandés de différentes manières :

64. *Premier exemple.* Dans l'un des rampants, les pieds-droits se terminent à hauteur des coussinets par des épis en brique établis comme ceux de l'exemple précédent (n° 61). La voûte est bandée concentriquement aux naissances, suivant des hélices de la surface intrados, et est appareillée en briques boutisses. Des crémaillères transversales sont construites, comme on l'a vu au n° 50, pour racheter la différence qui existe dans le développement des naissances.

Le tracé des joints de lit de ce berceau, tout simple qu'il paraît au premier abord, est pourtant assez compliqué, à cause de la double courbure qu'affecte la surface intrados. C'est surtout dans le voisinage des naissances que l'on doit redoubler d'attention et de soin, si l'on veut obtenir de la régularité et de l'exactitude dans l'appareil; on est même obligé d'opérer par tâtonnement en cet endroit, et de s'en rapporter au coup d'œil, tant est grande la difficulté de se servir de gabarits.

65. *Deuxième exemple.* Le berceau qui recouvre le second escalier inférieur de la gorge du réduit a le même galbe et les mêmes dimensions que le premier, mais il est bandé d'une autre manière : les joints de lit des pieds-droits, au lieu de se terminer à hauteur des naissances contre des épis en brique, se prolongent, au contraire, dans la voûte, en conservant entre eux la même équidistance, comme dans les casemates des batteries hautes (n° 25). Une crémaillère en brique, contre laquelle se ferment les assises de la voûte, est établie suivant l'hélice de clef (fig. 42). Cette crémaillère est bandée dans des directions à peu près perpendiculaires aux joints de lit de chaque côté, et les assises dont elle est composée se raccordent entre elles en arête de

poisson. La voûte entière est appareillée en losange de la même manière que les pieds-droits.

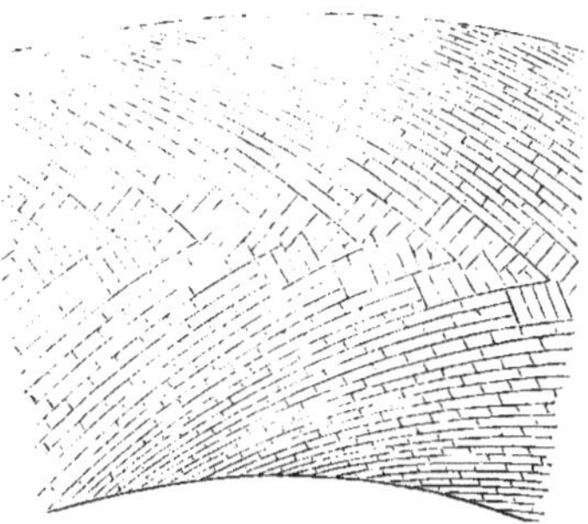

Fig. 42.

L'appareil qui précède est tout à la fois simple, facile et d'un agréable aspect ; la solidité de la construction ne laisse rien à désirer, et le travail ne présente aucune difficulté. Bien plus, au point de vue de l'art de bâtir, cet appareil est incontestablement préférable aux précédents, en ce que la voûte n'a pas la même tendance à glisser sur ses coussinets.

Le berceau en descente se raccorde en haut et en bas avec des berceaux tournants horizontaux, bandés suivant des parallèles de la surface intrados (n° 30). L'arête saillante, résultant de la pénétration de la descente avec la voûte annulaire inférieure, est formée au moyen d'une crémaillère continue en brique, construite d'après les indications de la figure 43.

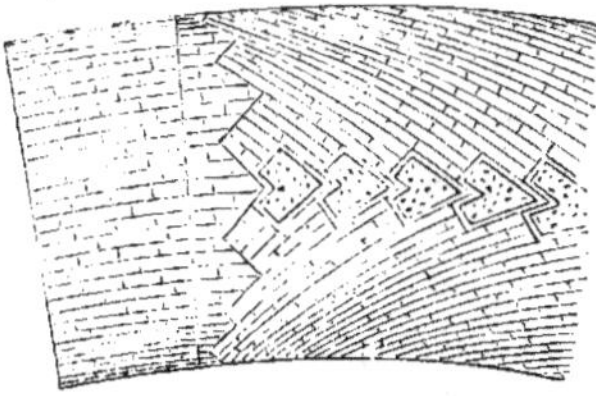

Fig. 43.

Quant à l'arête saillante supérieure, elle résulte de la juxtaposition des deux voûtes annulaires et présente un joint continu sur toute sa longueur.

66. *Troisième exemple.* L'escalier qui donne accès à la batterie haute de la queue du réduit, est couvert d'une voûte en descente dont la construction ne diffère de la précédente qu'en ce que la crémaillère est en pierre de taille (fig. 44) au lieu d'être en brique.

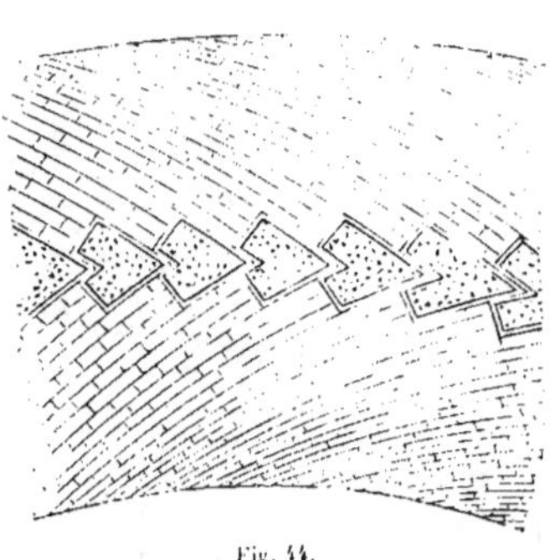

Fig. 44.

Escaliers à vis.

67. Les petits escaliers de la tête du réduit sont de l'espèce dite *vis à noyau plein*, et se composent d'une rampe courbe comprise entre le noyau ou cylindre plein, et un pied-droit circulaire qui lui est concentrique. Chacun d'eux est couvert d'un berceau tournant en descente dont la surface intrados est engendrée par une demi-circonférence contenue dans le plan vertical passant par l'axe du noyau :

Dans deux de ces voûtes on a adopté la disposition indiquée au n° 65, tandis que les autres sont appareillées différemment.

68. *Premier exemple.* La voûte est bandée suivant des lignes à double courbure qui résultent de la continuation des joints de lit du pied-droit extérieur jusqu'aux assises horizontales du noyau plein, sur lesquelles ces joints tombent en quelque sorte verticalement à hauteur de la naissance.

La tête du rampant est garnie à la partie supérieure d'un bandeau en pierre (fig. 45) contre lequel viennent s'appuyer les dernières assises de la voûte. Ce bandeau est composé de onze voussoirs formant alternativement boutisse et panneresse sur le parement vertical du mur de façade.

Enfin l'extrémité inférieure du rampant se raccorde avec un berceau droit surbaissé au moyen d'une crémaillère en brique.

Fig. 45.

L'aspect général de cet appareil est assez heureux : les joints de lit se développent en courbes régulières et gracieuses sur toute l'étendue de la surface intrados, et le raccordement des assises sur le noyau cylindrique se fait sous des inclinaisons très-favorables.

69. *Deuxième exemple.* L'appareil de la dernière descente est le plus compliqué de tous, et ressemble, par la diversité de ses joints, à un ouvrage de marqueterie d'un caractère fort original. Les joints de lit sont de deux espèces (fig. 46) : les uns s'obtiennent en prolongeant des deux côtés dans la voûte les assises des pieds-droits de la cage comme on l'a vu au n° 65 ; les autres sont situés dans des plans verticaux passant par l'axe du noyau plein, et constituent deux séries de crémaillères allongées et étroites, allant des naissances à la clef. Ces crémaillères vont en augmentant de largeur vers le pied-droit cylindrique, tandis qu'elles diminuent, au contraire, en descendant vers le noyau ; elles se raccordent d'ailleurs entre elles au moyen d'une série de petits voussoirs cubiques en grès.

Cette voûte est terminée à ses extrémités de la même manière que la précédente.

L'appareil que nous venons de décrire produit également un agréable effet; mais il a peut-être le tort de paraître un peu prétentieux, surtout dans une construction militaire, où l'on doit rechercher avant tout la simplicité des moyens.

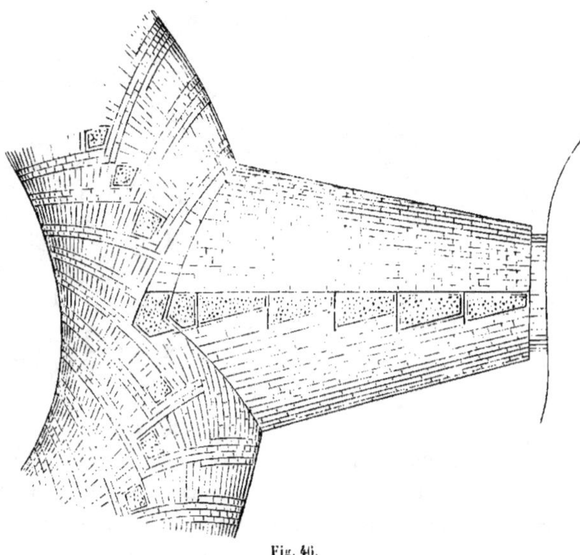

Fig. 46.

Quoi qu'il en soit, nous croyons qu'il mérite d'attirer l'attention, parce qu'il montre, une fois de plus, tout le parti que l'on peut tirer de la brique dans la construction des voûtes.

9. *Trompe dans l'angle.*

70. En vue d'améliorer la communication sur la plate-forme du réduit, à la gorge, on a recouvert de trompes biaises surbaissées les angles rentrants formés par la rencontre du mur cylindrique des latrines avec les murs cintrés qui terminent les deux parties droites. Ces trompes (fig. 47) ont pour intrados une surface engendrée par le mouvement d'un arc de cercle vertical, assujetti à glisser sur des naissances horizontales, en conservant la même courbure, et à rester sans cesse perpendiculaire à la courbe bissectrice de l'angle à recouvrir.

La tête de la trompe est cylindrique et se projette horizontalement suivant une portion de circonférence tangente par ses extrémités aux murs courbes voisins.

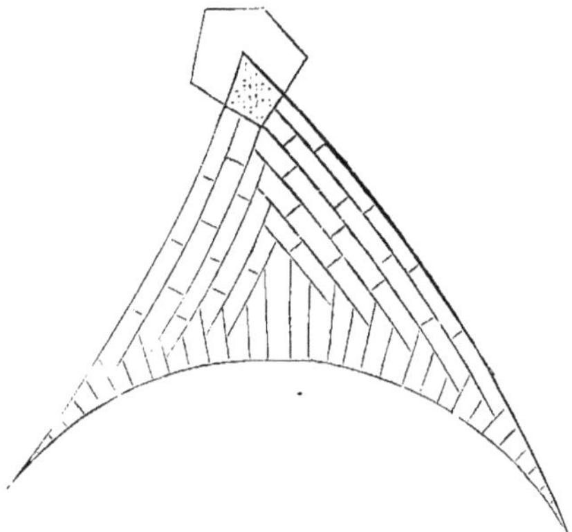

Fig. 47.

L'appareil est le même dans les deux trompes : les joints de lit sont dirigés suivant des courbes dont la projection horizontale est concentrique aux naissances, et le raccordement des assises a lieu, à la clef, en arête de poisson. Cette voûte est enfin fermée par un trompillon qui consiste en un voussoir en grès ayant sa douelle fouillée suivant le galbe de la surface intrados. La fig. 47 représente le tracé du cintre.

CHAPITRE IV.

DES OUVERTURES EN GÉNÉRAL.

---

1. *Des arcades.*

71. Les portes d'entrée du fort et du réduit, ainsi que les grands passages des bâtiments des fronts latéraux, sont d'une grande simplicité et présentent peu de variété dans leur système d'ornementation.

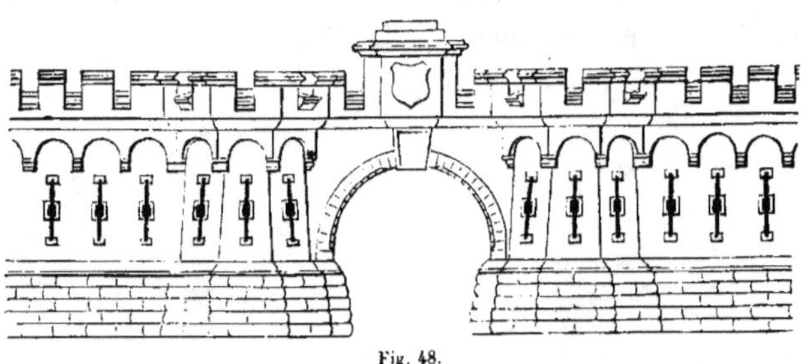

Fig. 48.

L'arcade de l'entrée du fort est en plein cintre et construite entièrement en grès (fig. 48). Elle est supportée par des jambages de même nature qui reposentsur un cordon en pierre de taille surmontant le soubassement en bossage de la façade. L'archivolte consiste en un bandeau formé de vingt-quatre voussoirs extradossés parallèlement, et d'une clef en pierre calcaire ornée des emblèmes de la royauté. Les voussoirs n'ont aucune saillie sur les tympans, et ne sont munis que d'un simple chanfrein qui s'interrompt à hauteur des deux contre-clefs.

L'arcade de l'entrée du réduit est la même que la précédente, sauf que l'archivolte seule est en grès et que les voussoirs forment harpe dans la voûte. La clef porte pour ornement une tête de lion sculptée.

Les arcades des bâtiments à l'intérieur du fort sont les mêmes que cette dernière ; seulement, il n'existe partout que des clefs en pierre bleue d'une grande simplicité.

2. Des arcatures.

72. Avant de passer à la description des baies de porte, nous croyons qu'il ne sera pas inopportun de dire quelques mots des arcatures ainsi que des créneaux supérieurs, seuls genres de décorations qui aient été adoptés dans les façades.

Les arcatures sont en plein cintre et font saillie sur le nu du mur ; elles sont supportées par des consoles en pierre calcaire ou en grès. Celles qui ornent la façade de l'entrée du fort sont entièrement en grès, de même que les créneaux supérieurs ; toutes les autres sont en brique.

Fig. 49 a.

Les arcatures en grès s'appuient sur des consoles en pierre de taille et se composent chacune de sept voussoirs. Elles sont surmontées d'un cordon en pierre formant une espèce de corniche sur laquelle reposent les créneaux supérieurs ; ceux-ci sont construits comme l'indique la figure 49 a, et sont couronnés de tablettes à moulure également en pierre de taille.

73. Les arcatures en brique reposent sur des consoles en grès, et consistent en un simple bandeau apparent d'une demi-brique de largeur extradossé parallèlement.

Les créneaux supérieurs sont aussi en brique et couronnés comme ceux qui précèdent (fig. 49*b*).

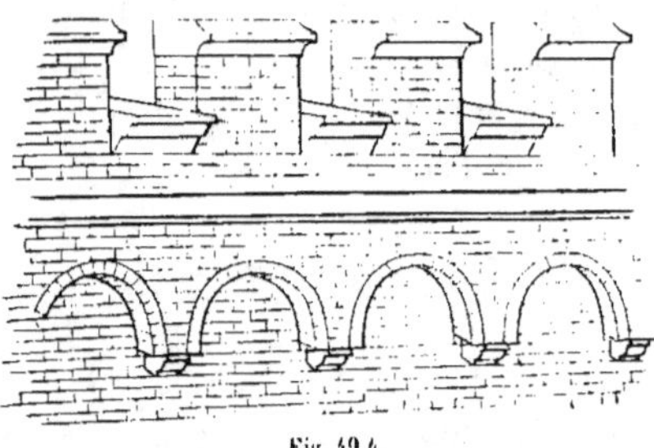

Fig. 49 *b*.

3. *Des baies de porte ou de passage.*

74. Les petites baies de porte ménagées dans les murs de façade des bâtiments sous les remparts, à l'intérieur du fort, se composent, en plan, indépendamment d'une feuillure ou *battée* intérieure, d'un passage rectangulaire qui se termine par une partie évasée dont les côtés forment un angle de 135 degrés avec la façade (fig. 50 *a*).

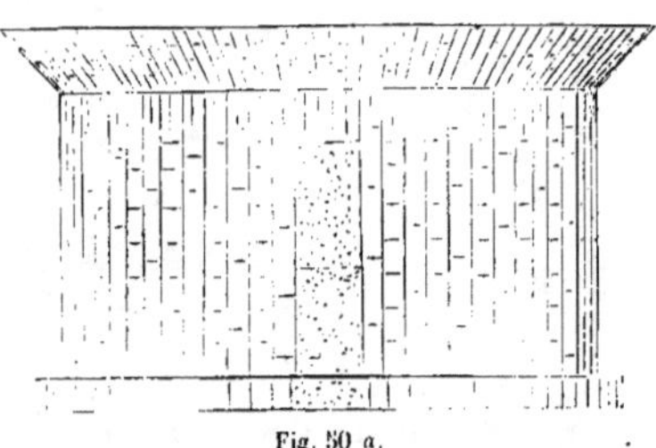

Fig. 50 *a*.

La première partie est couverte d'une voûte cylindrique en plein cintre, et la seconde est surmontée d'une voûte conique ayant pour intrados une surface engendrée par la révolution de l'un des côtés de l'évasement autour de l'axe de la baie.

La feuillure est elle-même couverte d'un arc en plein cintre, concentrique à la section droite du berceau.

La tête du passage est garnie au dehors d'un bandeau apparent de deux briques de largeur, extradossé parallèlement (fig. 50 *a*).

Les deux voûtes sont invariablement bandées suivant des génératrices de la surface intrados, mais leur raccordement est appareillé de trois manières différentes, savoir :

74. *Premier exemple.* Les briques dont on a fait usage ont des dimensions telles, que l'épaisseur de deux assises de la voûte conique, contre l'arête saillante, correspond exactement à l'épaisseur d'une

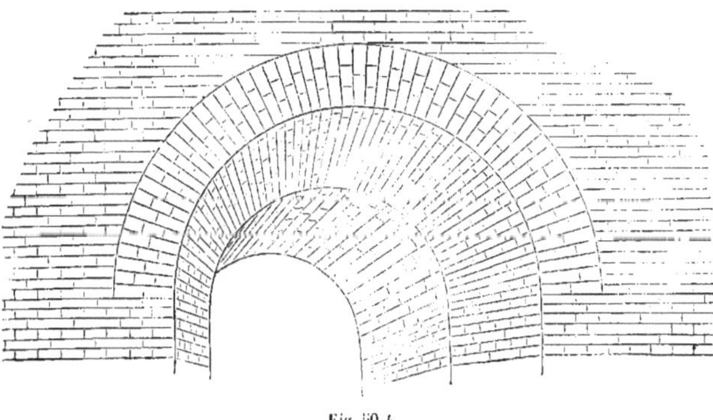

Fig. 50 *b*.

assise du berceau (fig. 50*b*). Par ce moyen, la liaison est aussi complète que possible entre les deux voûtes, et la solidité ne laisse rien à désirer.

Deux voussoirs en grès ferment la voûte cylindrique. L'un d'eux sert en même temps de clef à l'arc de la feuillure et le relie à la maçonnerie en arrière.

75. *Deuxième exemple.* Les deux espèces de briques employées dans la construction de cette baie ont des épaisseurs différentes qui ne sont pas multiples l'une de l'autre.

La maçonnerie du berceau est liée à celle de la voûte conique, un peu en arrière de l'arête d'intersection, au moyen d'une crémaillère continue en brique (fig. 51) dans laquelle les angles sont tous droits, sauf ceux voisins de la clef.

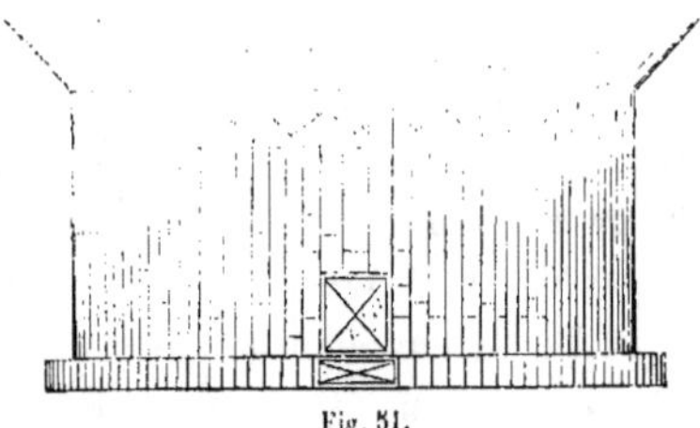

Fig. 51.

Un voussoir en pierre ferme l'arc de la feuillure, qu'il relie à la maçonnerie du berceau.

76. *Troisième exemple.* On ne s'est servi que d'une seule espèce de brique : les joints de lit des deux voûtes se raccordent sur la courbe d'intersection, et ceux du berceau se prolongent jusqu'à la feuillure, laquelle est garnie d'un bandeau apparent en pierre, formé de voussoirs extradossés parallèlement sur le parement intérieur, et appareillés en boutisse et carreau dans la voûte (fig. 52).

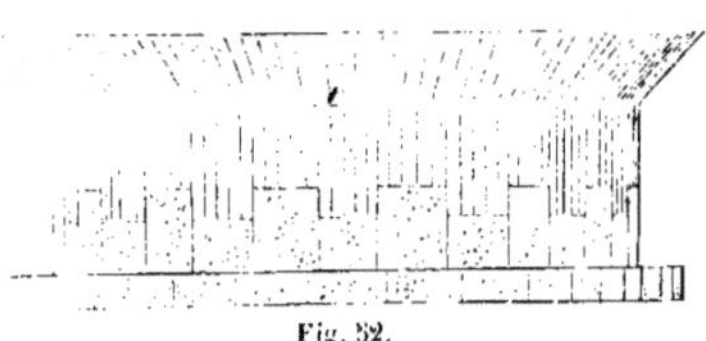

Fig. 52.

77. Les baies de porte ou de passage en général, quelle que soit leur largeur, sont couvertes de berceaux cylindriques bandés horizontalement. Les uns sont appareillés en losange, comme les pieds-droits, quand la largeur de l'ouverture le permet ; les autres sont construits en briques panneresses. Tantôt ces berceaux se terminent aux parements verticaux des murs dans lesquels ils sont ménagés, et tantôt ils pénètrent des voûtes cylindriques, annulaires, coniques, etc., par une extrémité ou par les deux bouts à la fois ; mais toutes ces variétés, si différentes qu'elles soient par leurs formes ou par leurs dimensions, se réduisent à trois espèces principales, que nous allons décrire.

78. *Premier cas. Passage droit ménagé dans un mur compris entre deux faces verticales parallèles.*

Ce genre de passage est couvert d'une voûte en plein cintre dont la section droite est une demi-circonférence. L'appareil se présente comme nous l'avons dit plus haut (n° 77), et les têtes sont garnies d'un bandeau apparent d'une brique ou d'une brique et demie de largeur, selon l'ouverture de la baie, et extradossé parallèlement.

79. *Deuxième cas. Passage droit ménagé dans un mur à parements verticaux parallèles, et pénétrant des voûtes cylindriques ou annulaires.*

C'est le cas qui se rencontre le plus communément dans le réduit, dans les galeries d'escarpe et de contrescarpe, ainsi que dans les batteries hautes. Il est résolu de différentes manières :

80. *Premier exemple.* Le berceau du passage est en plein cintre et se prolonge jusqu'aux voûtes, qu'il pénètre. Les têtes sont garnies d'un bandeau apparent extradossé suivant une courbe dont la projection sur le cintre principal est concentrique à la section droite. Dans les petites baies, ce bandeau est formé de deux rouleaux apparents d'une demi-brique de largeur, superposés et indépendants ; mais dans les grands passages, il ne se compose que d'un simple rouleau d'une brique ou d'une brique et demie de largeur, fermé souvent par une clef en pierre ou par une clef simulée en brique (n° 63, fig. 40).

81. *Deuxième exemple.* Cette disposition est assez semblable à l'appareil ordinaire adopté dans les voûtes en pierre ; les têtes du

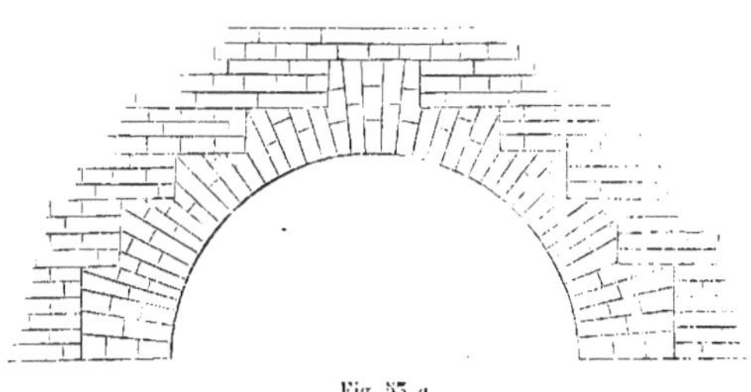

Fig. 53 a.

passage sont divisées en panneaux ayant des douelles égales (fig. 53a et 53b), et comprenant un certain nombre de joints de lit dirigés suivant les rayons de la figure. A l'extrados, les hauteurs d'assise sont réglées d'après l'appareil de la grande voûte et vont en décroissant des naissances vers la clef.

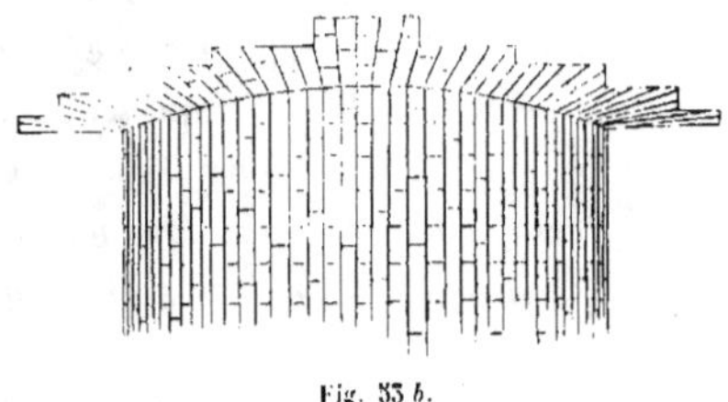

Fig. 53 b.

On obtient beaucoup de régularité dans les joints de lit en faisant usage de deux sortes de briques : les unes petites, contre la surface intrados, et les autres plus grandes, à l'extrados.

Les deux dispositions qui précèdent ont été particulièrement appliquées dans les passages où les naissances ne diffèrent pas sensiblement de celles des voûtes voisines.

82. *Troisième exemple*. Dans le couloir de la grande partie circulaire du réduit, au premier étage, les têtes des baies de porte sont appareillées de la manière que voici (fig. 54a et 54b) : les panneaux de

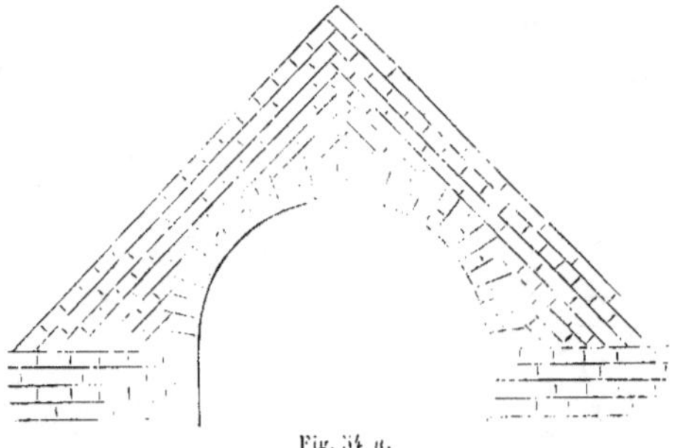

Fig. 54 a.

face se terminent du côté opposé à la douelle suivant des joints de lit de la voûte annulaire, et les autres joints s'alignent sur le centre de la figure.

Les panneaux sont en outre divisés en joints de lit d'après leur largeur.

Une clef en grès, de forme pentagonale, et taillée sur ses deux faces vues en pointe de diamant, ferme la tête de la baie.

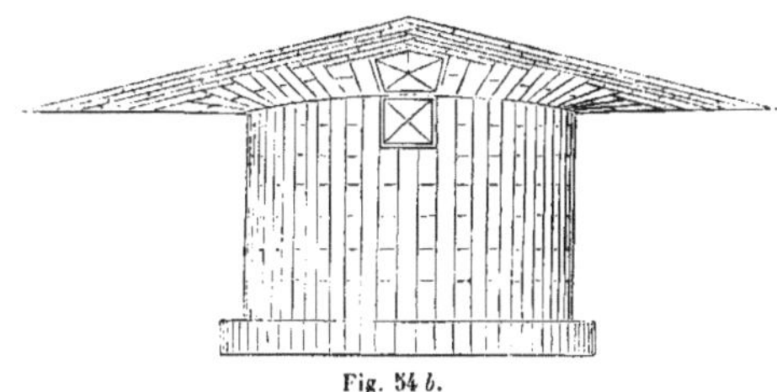

Fig. 54 b.

83. *Quatrième exemple.* Les baies de porte des deux petits locaux circulaires adossés aux escaliers de la tête du réduit, au premier étage, sont munies, du côté du corridor, d'une feuillure formée d'un bandeau apparent d'une brique de largeur, et surmontée d'une arrière-voussure pour permettre le mouvement de la porte (fig. 55a et 55b).

Fig. 55 a.

Cette arrière-voussure est appareillée absolument de la même manière que les têtes des baies de l'exemple précédent.

Les deux dernières dispositions que nous venons de décrire sont

d'une grande simplicité et produisent un très-bon effet ; elles s'har-
monisent d'ailleurs au mieux avec l'appareil de la voûte annulaire.

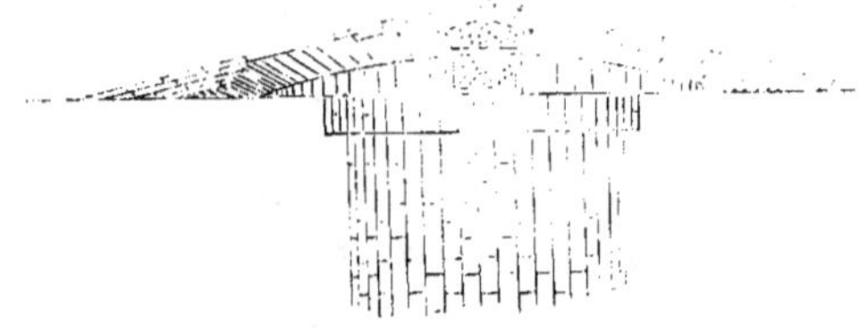

Fig. 55 b.

84. *Cinquième exemple.* On voit enfin beaucoup de baies de porte
et de passage se terminant par des faces verticales droites ou cylindriques (n° 78), et dont les têtes sont couvertes d'une arrière-voussure
formée par une portion de berceau cylindrique, ayant pour surface
intrados la surface extrados prolongée de la voûte du passage (fig. 56).

Cette arrière-voussure présente, sur la surface intrados de la voûte
qu'elle pénètre, un bandeau apparent d'une brique ou d'une brique
et demie d'épaisseur, selon l'ouverture de la baie.

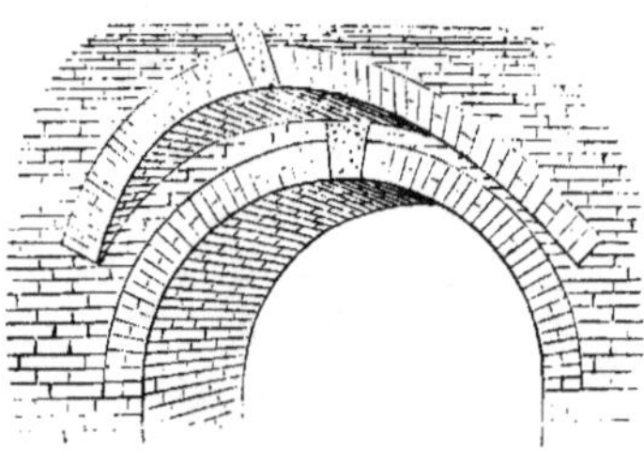

Fig. 56.

On rencontre particulièrement ce genre de disposition dans les baies
en plein cintre pénétrant des voûtes surbaissées, ou encore dans les
baies où le plan des naissances diffère sensiblement de celui des voûtes
voisines. Elle obvie, du reste, à l'inconvénient de devoir briser les
bandeaux, ce qui donne toujours lieu à un appareil d'un aspect choquant et disgracieux.

85. *Troisième cas. Passage droit pénétrant des voûtes coniques et
se terminant par des faces verticales non parallèles.*

Ce dernier cas est résolu des deux manières suivantes :

Premier exemple. Le berceau du passage se prolonge jusqu'à la voûte conique du local, qu'il pénètre suivant une courbe à double courbure, et la tête est garnie d'un bandeau apparent d'une brique ou d'une brique et demie de largeur, extradossé parallèlement.

86. *Second exemple.* Le berceau s'arrête aux deux parements verticaux prolongés du pied-droit, et les têtes sont couvertes d'arrière-voussures constituées comme celle du n° 84.

Dans le cas particulier où les deux faces du mur présentent une assez forte divergence, il est nécessaire de garnir les têtes du passage de bandeaux indépendants, séparés du reste de la voûte par un joint continu. On évite ainsi des joints de lit disproportionnés à l'extrados, et la taille des briques est simplifiée. Cette disposition se rencontre dans les quatre compartiments extrêmes de la tête du réduit, au premier étage.

4. *Des arrière-voussures.*

87. *Premier exemple.* Les grandes culées des couloirs circulaires du réduit sont percées de baies de porte qui permettent de rabattre les vantaux dans l'épaisseur du mur, contre des faces d'ébrasement ménagées à cet effet. Ces baies comprennent une partie rectangulaire voûtée en plein cintre, et une partie évasée couverte d'une arrière-voussure. Celle-ci a pour intrados une surface conoïde engendrée par une ligne droite assujettie à rester horizontale, et à glisser sur deux arcs de circonférence dont l'une surmonte la feuillure de la porte, tandis que l'autre est situé dans le plan de tête. Ces arcs sont en plein cintre dans les baies de la tête, et sont surbaissés dans celles de la gorge.

Toutes ces arrière-voussures sont appareillées en briques boutisses et bandées suivant des courbes équidistantes déterminées à partir de la génératrice à la clef. Les assises se perdent de chaque côté sur les plans de naissance.

88. *Second exemple.* Les baies de porte des galeries d'escarpe et de contrescarpe sont dépourvues d'ébrasement, et le vantail s'ouvre à l'intérieur des locaux, où il est bientôt arrêté contre le mur cintré du fond. Les arrière-voussures qui recouvrent ces baies ont une forme particulière assez semblable à celle d'un *soufflet de cabriolet.* Nous

avons adopté cette disposition pour diminuer la main-d'œuvre et rendre en même temps la construction plus facile et à la portée de tous les ouvriers. Chacune de ces arrière-voussures se compose (fig. 57a) de deux portions de voûte cylindrique en plein cintre : l'une droite, ayant ses génératrices parallèles à l'axe du passage, et l'autre rampante et en quelque sorte normale au berceau, ou à la surface conique qui recouvre le local.

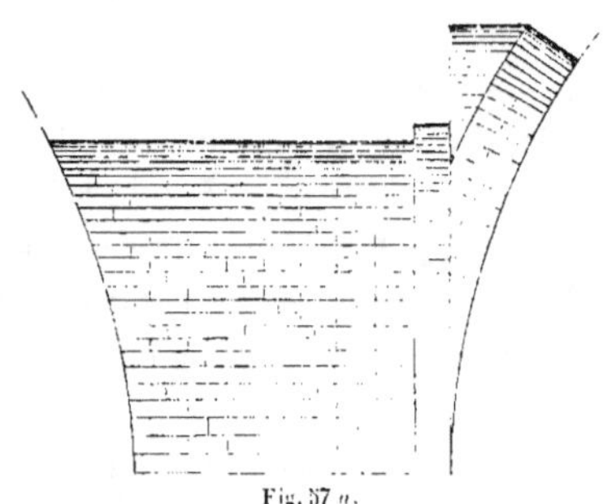

Fig. 57 a.

Ces deux petites voûtes se pénètrent suivant une arête rentrante elliptique, et sont bandées parallèlement aux naissances. Leur appareil est en briques boutisses.

L'arrière-voussure est établie à une hauteur telle que la porte puisse se mouvoir facilement (fig. 57 b).

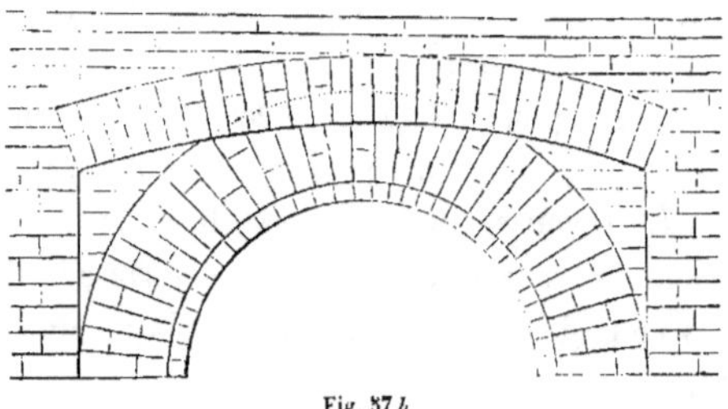

Fig. 57 b.

5. Des fenêtres.

89. Suivant la comparaison assez originale de Scamozzi, l'un des plus habiles architectes de la seconde moitié du xvi⁰ siècle, les fenêtres

servant à l'introduction de la lumière sont « les yeux d'un édifice, comme la porte principale en est la bouche. » Leur origine ne semble pas remonter à une haute antiquité ; car il est certain que les Romains ne les employaient pas dans leurs *burgi* ou tours défensives, ni même dans leurs *castra* (1) ou casernes construites pour le logement des troupes dans les provinces dont ils devenaient les maîtres.

Ces casernes se composaient habituellement d'une longue file de locaux voûtés parallèles entre eux et divisés en plusieurs étages. Les communications avaient lieu par des galeries extérieures continues, ou sorte de balcons auxquels on parvenait à l'aide d'escaliers en bois.

Les chambres étaient entièrement privées de fenêtres, et le jour se prenait soit par la porte, soit par un évent ménagé au-dessus, seules ouvertures qui existassent dans les murailles.

Ce ne fut que longtemps après la période romaine que les fenêtres apparurent dans les châteaux et les donjons. Les premières que l'on vit étaient assez petites, très-simples et sans décoration ; plus tard, on en construisit de plus grandes, et l'on en fit même à deux ou à trois compartiments, réunis sous la même arcade, et séparés entre eux par des colonnettes. Généralement, ces ouvertures se trouvaient du côté où les attaques étaient le moins à craindre, et on les plaçait assez haut pour rendre l'escalade ou toute surprise impossible.

Le plus souvent encore les fenêtres ne présentaient qu'une étroite ouverture au dehors allant en s'évasant vers l'intérieur. Il y en avait néanmoins de plus larges à chaque étage, qui servaient spécialement à l'introduction des vivres et des munitions nécessaires à la garnison.

Les petites fenêtres étaient presque toujours couvertes par une plate-bande, et les grandes par un arc dont la courbure varia selon les époques : on fit successivement usage, à cet effet, du plein cintre, des arcs surbaissés et surhaussés, de l'ogive et de l'arc tudor, formé d'ordinaire de deux parties reliées en accolade.

90. Aujourd'hui, on emploie indifféremment, dans les ouvrages militaires, des fenêtres de toutes dimensions, simples, doubles et quelquefois triples ; les unes sont couvertes de voûtes en plein cintre, et les autres sont surmontées d'arcs plus ou moins surbaissés.

(1) C'était aussi le nom que les Romains donnaient à leurs camps fortifiés.

Celles qu'on a construites dans le fort sont de trois espèces, savoir :

1° Les grandes baies, destinées à éclairer les locaux du réduit, les galeries latérales de la caponnière et les vestibules extérieurs de quelques magasins à poudre ;

2° Les baies moyennes, servant à donner du jour dans les cages des petits escaliers ;

3° Les petites baies, établies dans les moindres parties, et qui comprennent les niches d'éclairage des magasins à poudre, les évents, les cheminées d'éclairage, les créneaux et les embrasures.

Grandes baies de fenêtre.

91. *Premier exemple.* Les galeries latérales de la caponnière sont éclairées, du côté de la brisure de l'escarpe, par une grande baie de fenêtre composée, en plan, de deux parties rectangulaires et de deux parties trapézoïdales (fig. 58). Les premières sont couvertes de berceaux cylindriques en plein cintre, et les autres de voûtes coniques ayant leurs sommets dans les plans prolongés des naissances, et dont les surfaces intrados sont engendrées par une ligne droite assujettie à glisser sur une demi-circonférence.

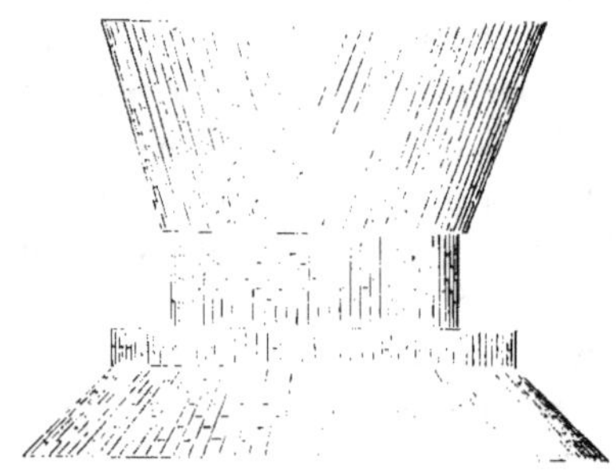

Fig. 58.

La voûte conique extérieure est appareillée en losange et bandée suivant des génératrices de la surface intrados. La tête est garnie d'un bandeau d'une brique et demie de largeur, extradossé parallèlement. Un joint continu existe au raccordement de cette voûte avec le berceau voisin.

Cet appareil est d'une extrême simplicité, mais l'exécution de la voûte est des plus laborieuses à cause des difficultés résultant de la taille des briques; aussi, ne doit-on la confier qu'à des ouvriers consciencieux et habiles.

La première partie cylindrique ne constitue qu'un arc de feuillure, lequel est bandé parallèlement aux naissances.

L'autre partie cylindrique, qui correspond à l'étranglement de la baie, est également bandée suivant des génératrices de la surface intrados, et sa tête est garnie d'un bandeau apparent d'une brique et quart de largeur, extradossé parallèlement.

Enfin, la voûte conique intérieure est bandée dans la direction des naissances, suivant des courbes qui s'obtiennent en portant des longueurs égales sur les deux bases, et en unissant les points de division deux à deux. La fermeture de la voûte a lieu, à la clef, en arête de poisson.

92. *Deuxième exemple.* Les baies de fenêtre des parties droites du réduit sont ménagées dans les murs de masque de la cour et se composent, en plan, d'une partie rectangulaire, terminée par deux parties évasées, l'une intérieure et l'autre extérieure. Les portions de voûte dont chaque baie est couverte sont bandées suivant des génératrices des surfaces intrados et appareillées en losange.

Les deux têtes sont garnies d'un bandeau extradossé parallèlement, d'une brique de largeur du côté du local, et d'une brique et demie au dehors.

93. *Troisième exemple.* Au premier étage du réduit, les baies de fenêtre de la latrine sont percées dans un mur circulaire qui se termine par des parements concentriques. Elles se composent encore, en projection horizontale, d'une partie rectangulaire, surmontée d'un berceau droit, et de deux parties évasées, l'une intérieure et l'autre extérieure, couvertes de voûtes coniques engendrées comme les précédentes.

La voûte intérieure pénètre la voûte sphéroïdale du local, tandis que l'autre voûte se termine au parement du mur. Celle-ci est bandée suivant des génératrices de la surface intrados, et sa tête est garnie d'un rouleau apparent d'une brique et demie de largeur, comme dans les autres baies.

Quant à la voûte conique intérieure (fig. 59), elle a ses joints de lit dirigés suivant des courbes équidistantes qui s'obtiennent en portant, sur les deux demi-circonférences de base, des longueurs égales à partir des naissances, et en unissant les points de division deux à deux. La

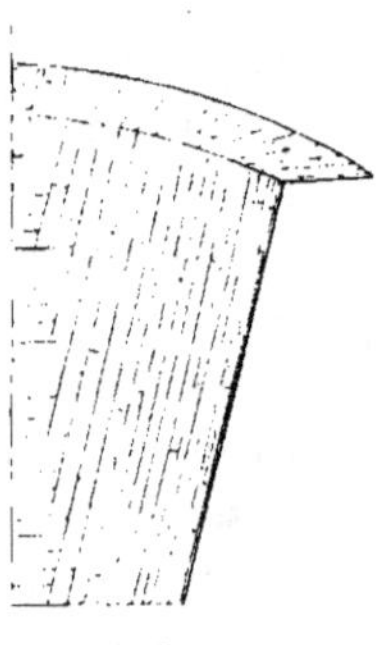

Fig. 59.

fermeture a lieu au moyen d'une crémaillère en brique, composée de cinq crochets, dans lesquels les joints de lit sont perpendiculaires à la génératrice à la clef.

Un voussoir en grès termine cette crémaillère, et ferme en même temps le bandeau de tête à l'intérieur du local.

94. *Quatrième exemple.* Les baies de fenêtre des bâtiments sous les remparts du fort sont ménagées dans des murs droits, et comprennent, indépendamment d'une feuillure intérieure, trois parties distinctes dont deux sont couvertes de voûtes coniques et la dernière d'un berceau droit (fig. 60 *a*).

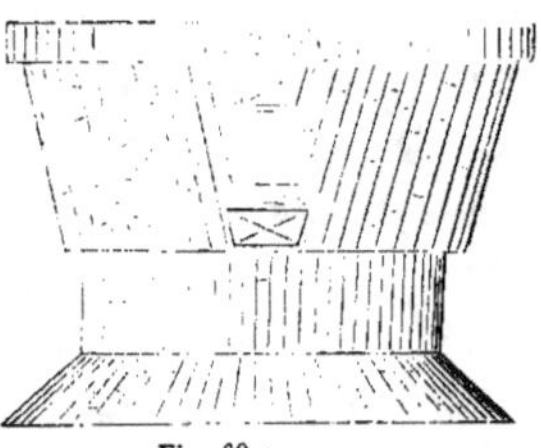

Fig. 60 a.

La voûte conique extérieure a pour directrice la demi-circonférence de tête du berceau, et son sommet est situé dans le plan des naissances, sur l'axe de la baie. Cette voûte est bandée suivant des génératrices de la surface intrados.

Le berceau et l'arc de feuillure sont cylindriques ; le premier est en plein cintre, le second est surbaissé ; l'un et l'autre sont bandés parallèlement aux naissances.

Fig. 60 b.

Enfin la voûte conique intérieure est surbaissée (fig. 60 b) ; son sommet se trouve à la rencontre des deux naissances, et sa directrice est l'arc inférieur de la feuillure. Elle est bandée suivant des courbes équidistantes tracées à partir des naissances, et sa fermeture a lieu, à la clef, au moyen d'une crémaillère en brique et en grès (fig. 60 c).

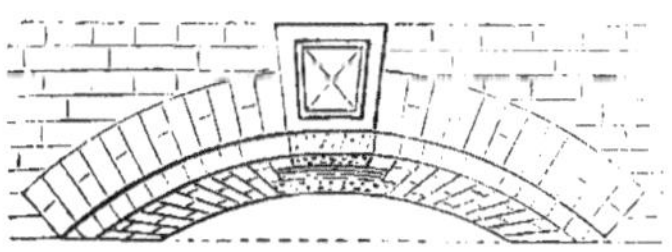

Fig. 60 c.

95. *Cinquième exemple.* Les baies de fenêtre du couloir de la tête du réduit, au premier étage, pénètrent d'un côté la voûte annulaire, et se terminent, de l'autre, au parement vertical cylindrique du mur de la cour. Ces baies sont les mêmes, en plan, que celles des parties droites (n° 93) ; seulement, les naissances de la voûte conique intérieure, au lieu d'être horizontales, s'inclinent vers le centre du réduit d'une quantité égale à la différence des rayons des deux bases.

La partie intermédiaire, qui correspond à l'étranglement, est couverte d'une berceau droit se raccordant avec la voûte conique extérieure. Ces deux voûtes sont bandées suivant des génératrices des surfaces intrados.

Enfin, la seconde voûte conique est bandée suivant des courbes équidistantes, qui résultent de lac ontinuation des joints de lit des deux joues de la baie (fig. 61a). Cette voûte est fermée à la clef par une crémaillère en brique, composée d'assises perpendiculaires à la génératrice supérieure de la surface intrados.

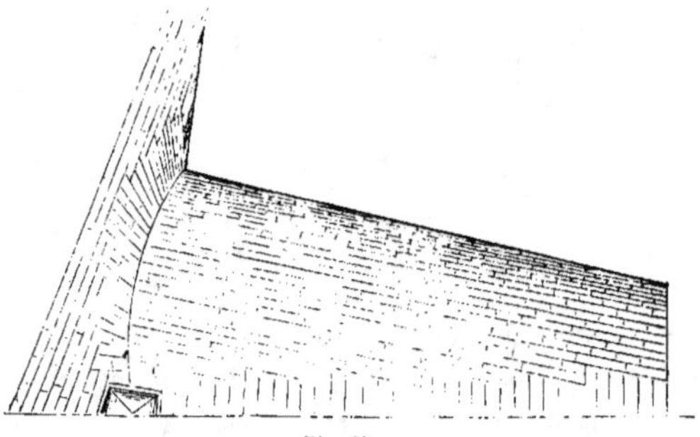

Fig. 61 a.

Une clef en grès, taillée en pointe de diamant sur ses deux faces vues, ferme le bandeau de la tête, lequel se raccorde d'ailleurs avec l'appareil oblique du berceau tournant, comme le montre la figure 61 b.

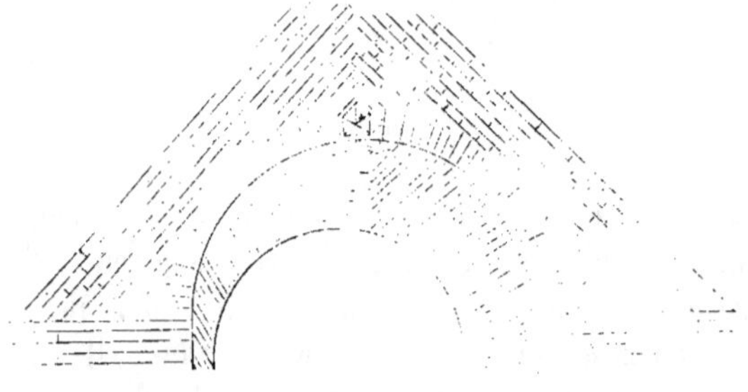

Fig. 61 b.

96. *Sixième exemple.* Au rez-de-chaussée, les baies de fenêtre sont

les mêmes qu'à l'étage, mais la voûte conique intérieure, au lieu de pénétrer le berceau tournant surbaissé du corridor, se termine au parement cylindrique vertical du pied-droit.

Les voûtes sont bandées comme ci-dessus; seulement, dans quelques-unes d'entre elles, la crémaillère qui ferme la voûte conique intérieure est remplacée par une disposition en arête de poisson. Toutefois, ce dernier appareil est assez disgracieux, à cause de l'extrême obliquité sous laquelle les tas se rencontrent.

Baies moyennes de fenêtre.

97. Les baies de fenêtre servant à éclairer les cages des petits escaliers du réduit ont des dimensions moindres en largeur et en hauteur que celles qui précèdent. Elles se composent d'une partie extérieure droite, surmontée d'un berceau en plein cintre, et d'une partie intérieure évasée, couverte d'une voûte conique pénétrant le berceau en descente de l'escalier (fig. 62).

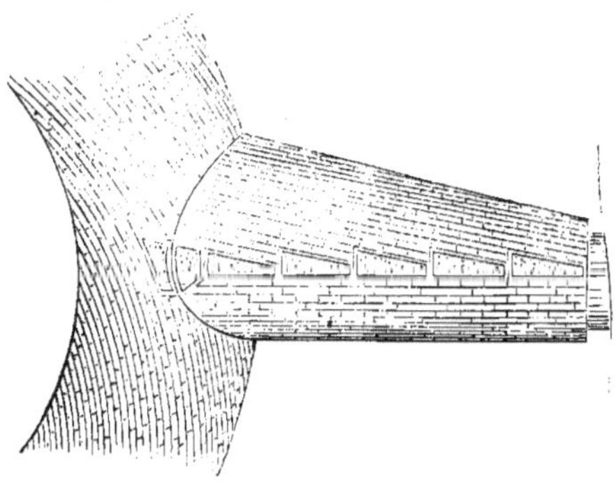

Fig. 62.

Le berceau cylindrique est bandé parallèlement aux naissances, et sa tête est garnie d'un bandeau apparent, d'une brique et demie de largeur.

La moitié de la voûte conique est bandée suivant des génératrices de la surface intrados, tandis que l'autre partie a pour joints de lit des courbes équidistantes, qui résultent du prolongement des assises du pied-droit dans la voûte.

Une demi-crémaillère en pierre, d'une forme assez originale, ferme cette voûte à la clef. Quant aux arêtes de pénétration, elles sont construites d'après la méthode flamande (n° 52).

Petites baies de fenêtre.

1° Niches d'éclairage des magasins à poudre.

98. Le mode d'éclairage adopté pour les magasins à poudre est d'origine toute récente et doit être, croyons-nous, attribué aux ingénieurs militaires anglais.

En 1861, nous en fîmes usage à titre d'essai pour la première fois, et les résultats furent tellement satisfaisants, que l'application en devint bientôt générale dans tous les locaux destinés à recevoir des dépôts de poudre ou des projectiles.

Ce moyen consiste à ménager une ou plusieurs ouvertures dans l'un des murs du local à éclairer, et à les fermer par une forte glace, derrière laquelle se place une lampe munie d'un réflecteur.

L'élévation intérieure de la baie est assez grande pour que la lampe ait suffisamment d'air pour brûler. A la partie inférieure se trouve une prise d'air, et au-dessus une petite cheminée d'appel destinée à l'évacuation de la fumée.

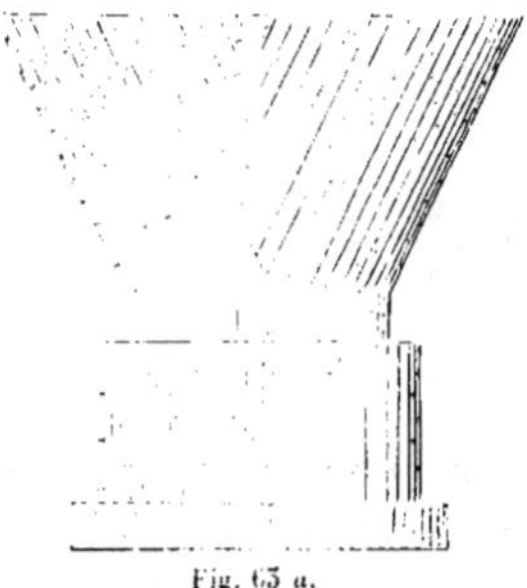

Fig. 63 a.

Ces niches sont composées (fig. 63 a) de trois parties rectangulaires, surmontées de voûtes cylindriques en plein cintre, et d'une partie fortement évasée vers le local, voûte conique dont le sommet est dans le plan des naissances. Tantôt elles sont pratiquées dans des murs de refend terminés par des plans verticaux parallèles; tantôt, au contraire, elles sont ménagées dans l'un des pieds-droits et pénètrent la voûte du magasin. Dans l'un et l'autre cas, les voûtes cylindriques sont invariablement bandées suivant des génératrices des surfaces intrados; mais les dispositions adoptées pour la voûte conique intérieure sont essentiellement différentes d'une niche à l'autre. Nous nous bornerons à décrire cette dernière, parce qu'elle présente seule quelques particularités remarquables.

Niches d'éclairage pratiquées dans des murs de refend.

99. *Premier exemple.* La niche servant à éclairer le magasin à poudre de la caponnière est pratiquée dans le mur du vestibule, suivant l'axe de la baie de porte intérieure.

La voûte conique est bandée à partir des naissances (fig. 63*a*), suivant des courbes équidistantes qui se raccordent en arête de poisson à

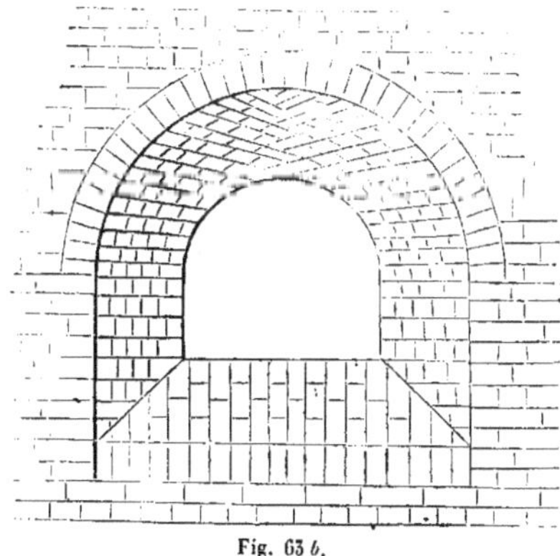

Fig. 63 *b*.

la clef. La tête est garnie d'un bandeau apparent d'une demi-brique de largeur, extradossé parallèlement (fig. 63 *b*).

On pourrait aussi fermer cette voûte au moyen d'une crémaillère en brique (fig. 65c), dans laquelle les assises seraient perpendiculaires à la génératrice à la clef de la surface conique.

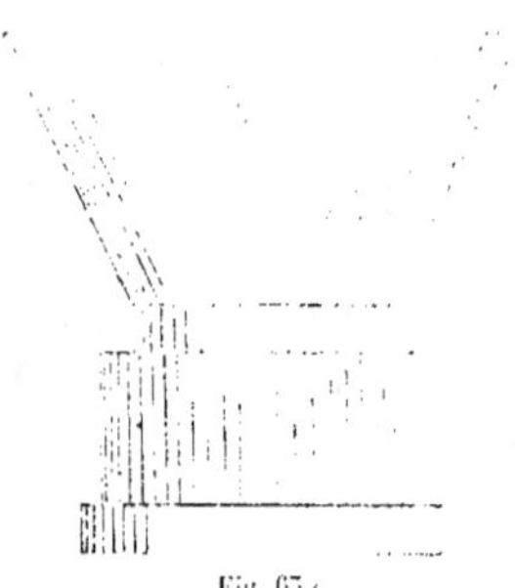

Fig. 65 c.

100. Deuxième exemple. Dans les niches d'éclairage des magasins à poudre du réduit, nous avons adopté une autre disposition : la voûte conique est bandée comme au numéro précédent (fig. 65 b), mais les

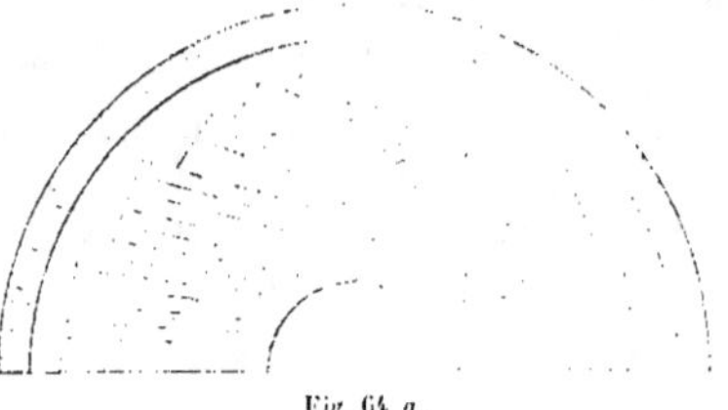

Fig. 64 a.

assises sont arrêtées contre une crémaillère en brique qui constitue le bandeau de tête (fig. 64 a). Ce bandeau est extradossé parallèlement sur la face verticale extérieure du mur, et présente un certain nombre de

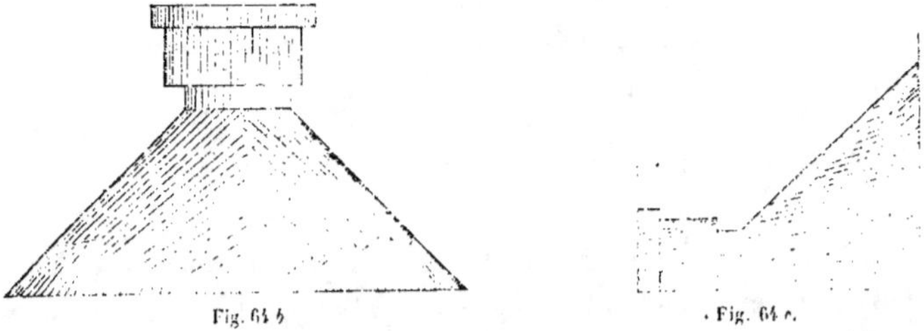

Fig. 64 b.

. Fig. 64 c.

crochets sur la douelle conique (fig. 64b et 64 c). Les plans de joints convergent tous vers l'axe du cône en passant par des génératrices de la surface intrados.

Cet appareil produit un excellent effet et ne présente ni difficulté ni complication, tant sous le rapport du tracé que sous celui de la taille des briques. Aussi, l'avons-nous employé de préférence dans tous les magasins à poudre du réduit.

Niches d'éclairage pratiquées dans les culées.

101. Les niches d'éclairage des magasins à poudre des demi-caponnières sont ménagées dans les pieds-droits et pénètrent des voûtes en plein cintre. Ces niches sont constituées comme les précédentes et ne diffèrent les unes des autres que par le mode d'appareil des voûtes coniques.

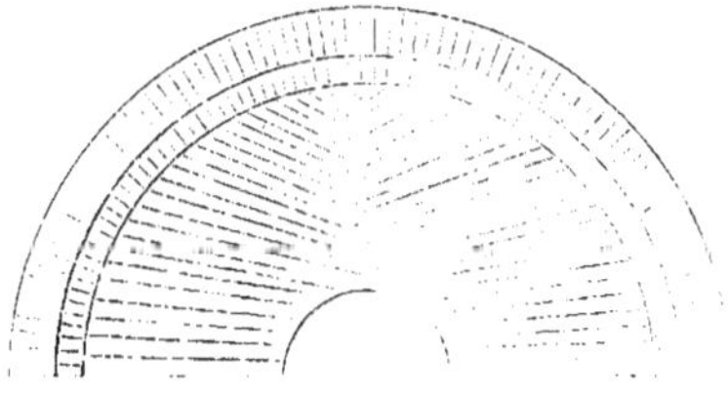

Fig. 65 *a.*

102. *Premier exemple* (fig. 65*a*, 65*b* et 65*c*). Dans cette niche, la voûte est bandée, à partir des naissances, suivant des courbes équi-

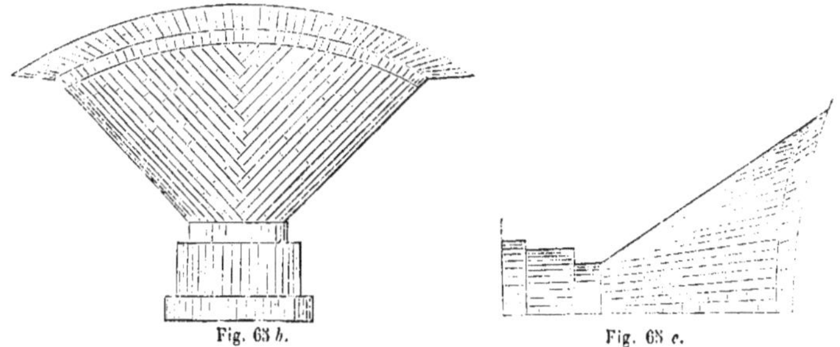

Fig. 63 *b.*   Fig. 65 *c.*

distantes, qui se rencontrent deux à deux en *point de Hongrie* sur la génératrice supérieure de la surface intrados.

La tête est garnie d'un bandeau ou collier extradossé parallèlement, et séparé du reste de la voûte par un joint continu.

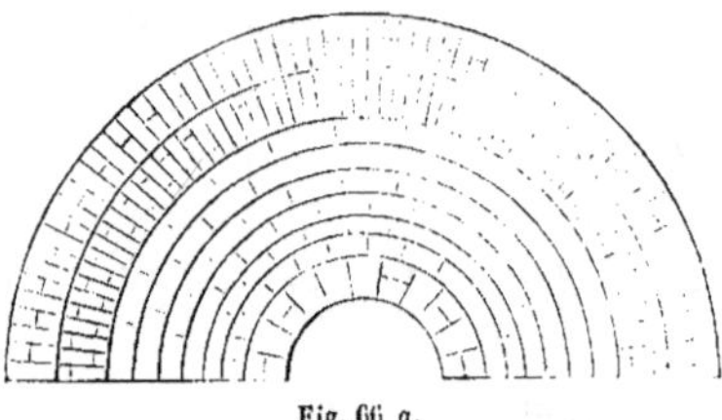

Fig. 66 *a.*

105. *Deuxième exemple* (fig. 66 *a*, 66 *b* et 66 *c*). La voûte conique est également terminée par un collier suivant l'arête de pénétration, et

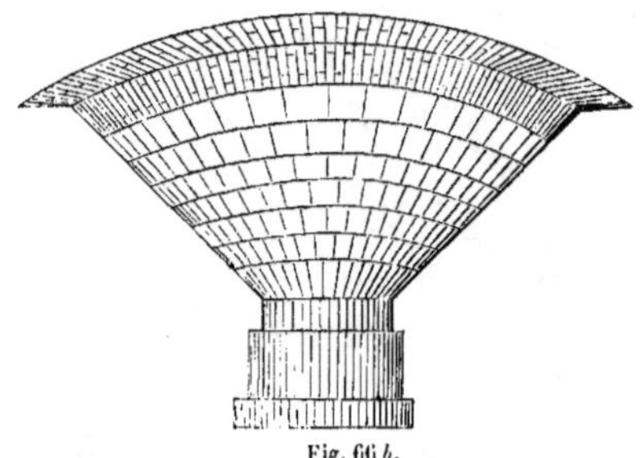

Fig. 66 *b.*

la partie restante de cette voûte est bandée suivant des courbes qui s'obtiennent en divisant des génératrices de la surface intrados en

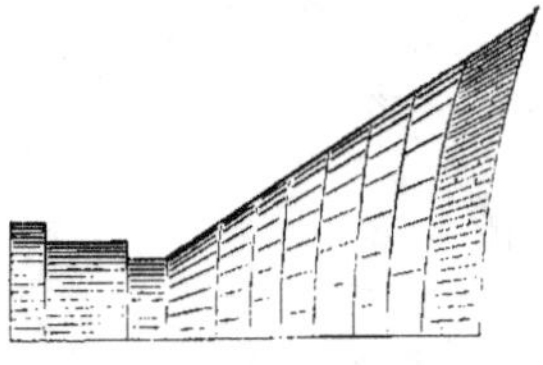

Fig. 66 *c.*

parties proportionnelles, et en unissant entre eux les points de division correspondants.

104. *Troisième exemple* (fig. 67*a*, 67*b* et 67*c*). La tête de la niche est garnie d'un collier, comme dans les cas précédents, et le reste de

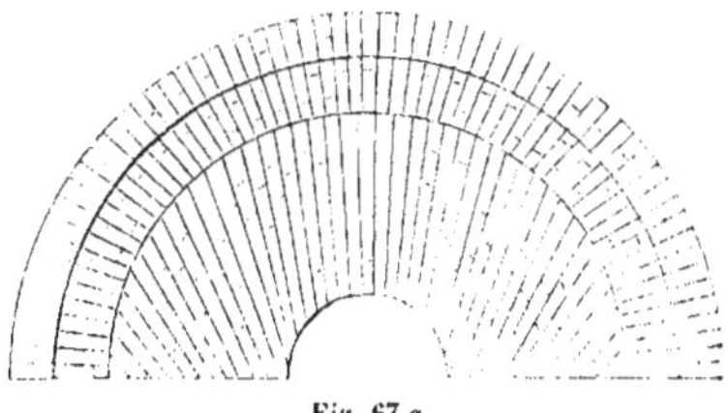

Fig. 67 *a*.

la voûte est bandé suivant des courbes équidistantes, déterminées à partir de la clef, en portant des longueurs égales sur les deux demi-

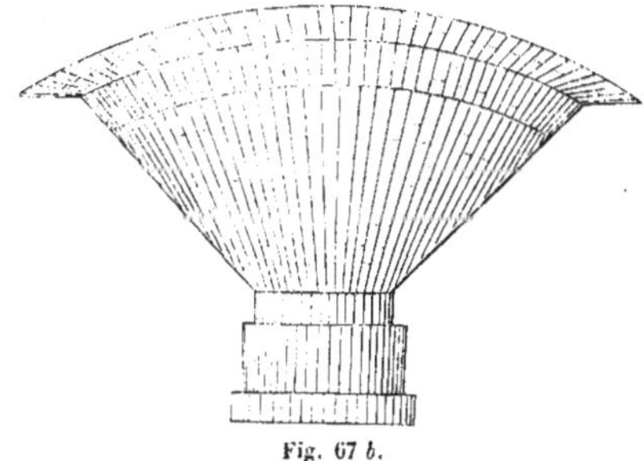

Fig. 67 *b*.

circonférences de bases, et en unissant les points de division deux à deux,

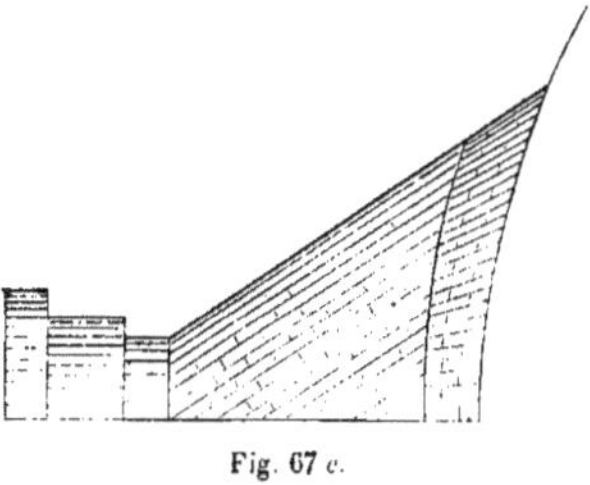

Fig. 67 *c*.

105. *Quatrième exemple* (fig. 68 *a*, 68 *b* et 68 *c*). L'intervalle qui sépare le collier de la tête de la partie étranglée de la niche est bandé

de la manière suivante : on divise la petite base de la surface intrados
en un nombre impair de parties égales, d'après l'épaisseur des briques,

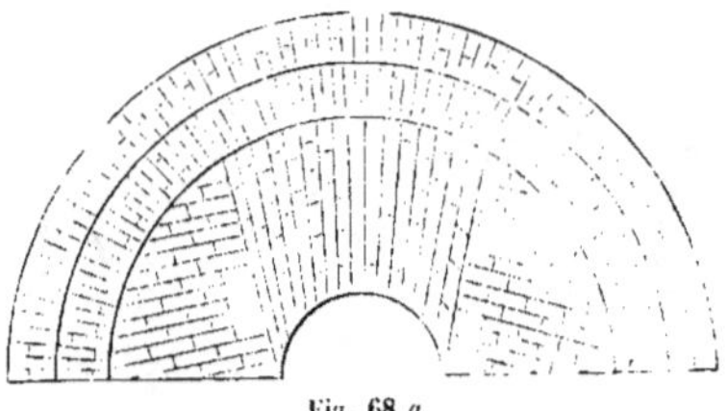

Fig. 68 *a.*

et l'on porte sur la grande base, à droite et à gauche de l'assise de
clef, un nombre égal à la moitié de ces divisions. Les points ainsi

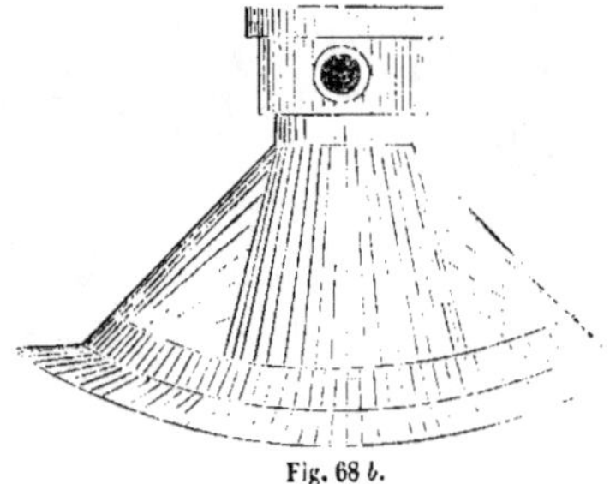

Fig. 68 *b.*

obtenus sont ensuite réunis deux à deux par des courbes qui constituent une première série de joints de lit de la voûte. Les deux parties

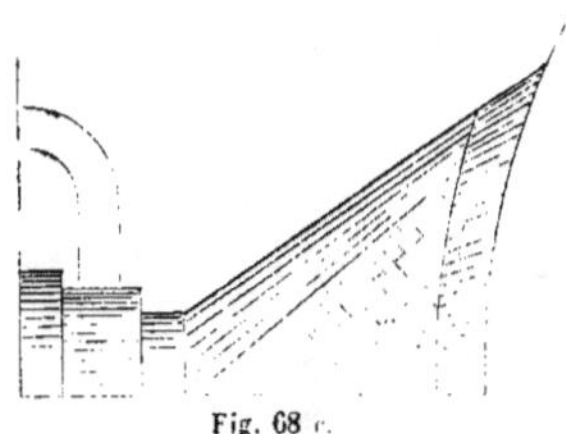

Fig. 68 *c.*

restantes sont enfin bandées perpendiculairement à la direction des
dernières assises, et les tas se perdent sur le plan des naissances.

106. *Autre niche d'éclairage.* Les deux magasins à projectiles de la caponnière sont éclairés à la fois par une simple niche, d'une forme particulière, composée de trois parties principales se réunissant dans l'épaisseur du mur, comme l'indique la figure 69*a*. Les ouver-

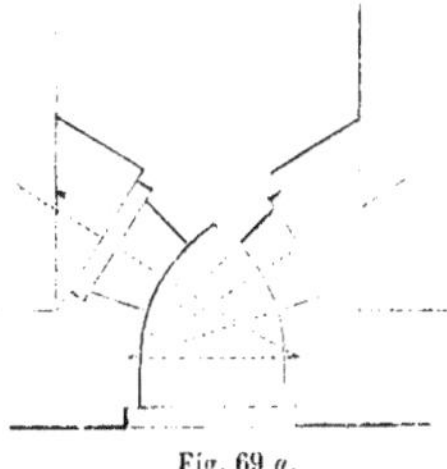

Fig. 69 *a*.

tures intérieures sont fermées par de fortes glaces derrière lesquelles se place, au centre de la bifurcation, une lampe à deux branches munie d'un double réflecteur conique. Une petite prise d'air est ménagée à la partie inférieure de la niche, du côté du corridor, et une cheminée d'appel débouche à la clef de la voûte, pour l'évacuation de la fumée (fig. 69*b*).

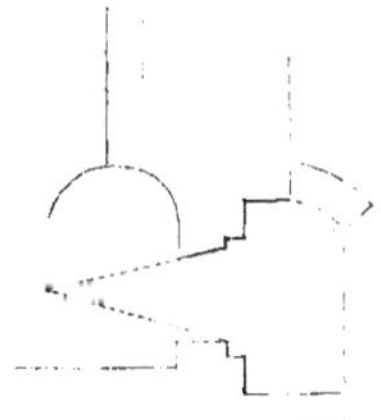

Fig. 69 *b*.

La partie extérieure de la niche comprend une portion de berceau en plein cintre, se raccordant avec une sorte de cul-de-lampe, qui consiste en une voûte sphéroïdale engendrée par la révolution d'un arc de circonférence autour de l'axe du berceau. Quant aux deux débouchés dans les magasins, ils sont symétriques l'un de l'autre et se composent de trois parties distinctes, lesquelles sont couvertes d'une voûte conique, d'un arc cylindrique et d'un demi-berceau droit.

La voûte cylindrique, ouvrant dans le corridor, est bandée parallèlement aux naissances ; ses joints de lit sont prolongés dans la voûte sphéroïdale et se raccordent à la clef en arête de poisson. Un voussoir en pierre est placé à la rencontre des naissances, pour éviter l'emploi de morceaux de brique et simplifier la construction en cet endroit.

Les voûtes coniques des parties intérieures ont même plan de naissance et même montée que la voûte sphéroïdale qu'elles pénètrent ; les joints de lit sont dirigés, à partir des naissances, suivant des courbes équidistantes, qui se raccordent en arête de poisson à la clef.

L'arc de feuillure est formé d'un simple bandeau d'une demi-brique d'épaisseur.

Enfin, le demi-berceau débouchant dans le magasin est bandé suivant des hélices perpendiculaires à la courbe de tête.

Toutes ces différentes parties de voûte sont construites en briques panneresses et se composent de deux rouleaux superposés et indépendants, d'une demi-brique d'épaisseur.

2° Évents.

107. Il existe, dans les différents ouvrages d'art du fort, un grand nombre d'évents destinés à améliorer l'éclairage ou à favoriser la ventilation. Les uns sont pratiqués dans des murs qui se terminent par des parements verticaux droits ou courbes, et les autres pénètrent toute espèce de voûtes. En général, leur surface intrados affecte des formes cylindriques ou coniques dont les axes sont plus ou moins inclinés.

108. *Premier exemple.* Les évents des galeries d'escarpe comprennent deux parties : l'une circulaire, au dehors, et l'autre rectangulaire, à l'intérieur.

La première partie consiste en un simple rouleau d'une demi-brique d'épaisseur, sur une brique de profondeur, présentant sur le parement de l'escarpe un bandeau extradossé parallèlement.

La seconde partie se termine par des joues droites divergentes, qui s'élèvent jusqu'à la douelle de la voûte du compartiment, et le radier descend en pente vers le local pour favoriser le plus possible l'éclairage.

109. *Deuxième exemple.* **Dans** le mur d'escarpe des fronts latéraux se trouve un évent tronconique fortement incliné vers le compartiment, mais dont la génératrice à la clef est horizontale (fig. 70 *a*) ; cet évent est terminé, à l'extérieur, par une partie cylindrique droite qui se raccorde avec la petite base du cône.

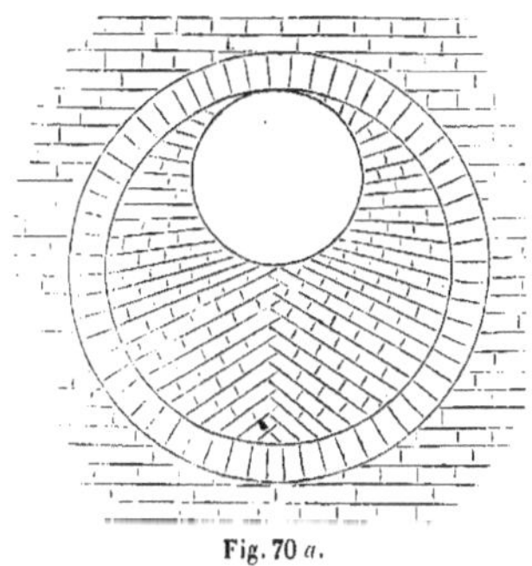

Fig. 70 *a*.

La voûte conique est bandée (fig. 70*b*) suivant des courbes équidistantes, déterminées à partir de la clef en portant des longueurs égales

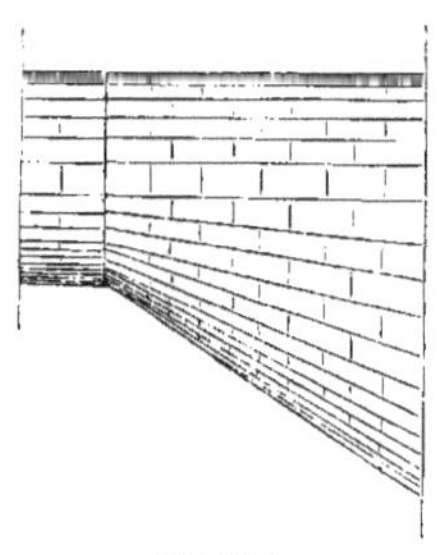

Fig. 70 *b*.

sur les deux circonférences de base, et en unissant les points de division deux à deux. Les assises se raccordent entre elles en point de Hongrie, suivant la génératrice de plus grande pente.

La figure 70*c* représente la surface intrados de la voûte conique développée.

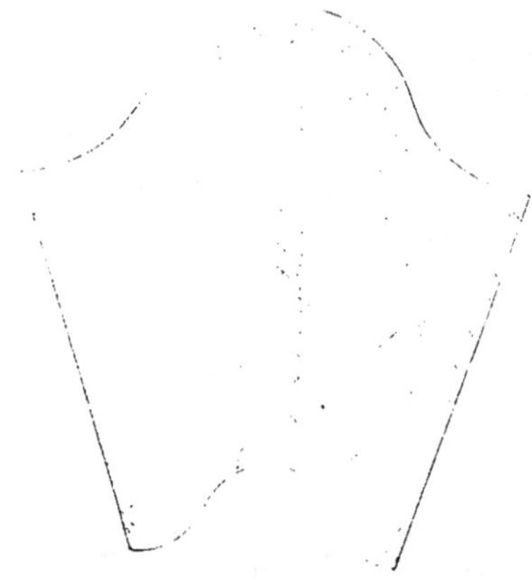

Fig. 70 *c*.

La partie cylindre extérieure est séparée de la précédente par un joint continu ; sa construction ne diffère pas de celle de l'évent qui précède.

110. *Troisième exemple* (fig. 71*a* et 71*b*). Les vestibules situés au pied des petits escaliers de la tête du réduit, au rez-de-chaussée, sont

Fig 71 *b*.

Fig. 71 *a*.

éclairés par deux évents semblables à celui qui précède ; seulement, ils ont en plus une feuillure à l'endroit où se raccordent les deux voûtes.

111. *Quatrième exemple* (fig. 72a). Les pieds-droits de la galerie centrale de la caponnière sont percés d'évents elliptiques horizontaux,

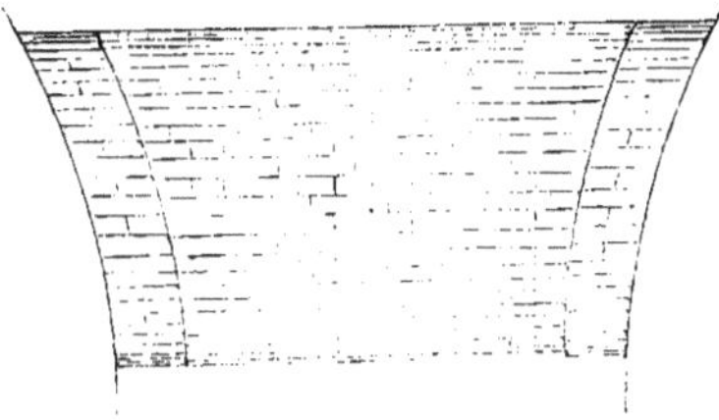

Fig. 72 a.

pénétrant des deux côtés des berceaux droits cylindriques, l'un en plein cintre et l'autre surhaussé. Ces évents sont bandés suivant des génératrices des surfaces intrados, et appareillés en losange (fig. 72b).

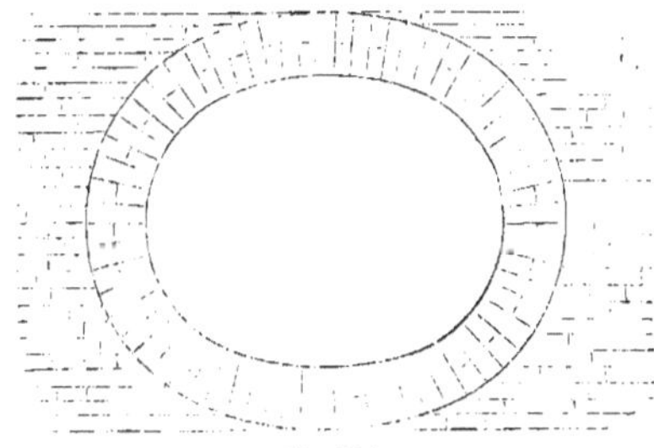

Fig. 72 b.

Les têtes sont garnies d'un bandeau apparent d'une brique de largeur et d'épaisseur, extradossé parallèlement, et séparé du reste de la voûte par un joint continu.

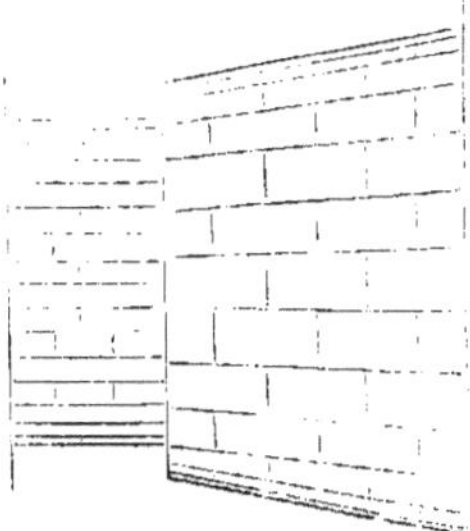

Fig. 73 a.

112. *Cinquième exemple* (fig. 73 a). Le palier supérieur de l'esca-

lier conduisant à la galerie haute de la gorge du réduit, est éclairé par un évent elliptique composé d'une partie cylindrique extérieure en brique, et d'une partie tronconique intérieure en grès, lesquelles sont séparées l'une de l'autre par une feuillure destinée à recevoir un châssis fixe.

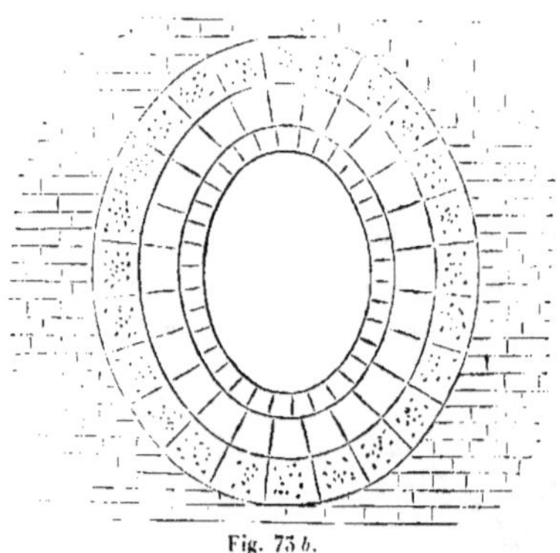

Fig. 73 b.

Ces deux voûtes sont bandées suivant des génératrices des surfaces intrados et présentent de chaque côté, sur les parements cylindriques du mur de masque, un bandeau extradossé parallèlement (fig. 73 b).

113. *Sixième exemple*. Les évents qui éclairent le corridor de la queue du réduit, au premier étage, traversent les pieds-droits des casemates de la batterie haute, et débouchent, d'une part, dans le mur circulaire supérieur, et, de l'autre, dans la voûte annulaire du corridor, un peu au-dessus des naissances.

Ces évents, dont la forme est tronconique, ont leur axe incliné à 45 degrés sur la verticale, et sont bandés suivant des courbes équidistantes à partir de la génératrice inférieure ou de plus grande pente de la surface intrados. Le raccordement des assises a lieu, à la clef, en arête de poisson, et les deux têtes sont garnies d'un bandeau apparent d'une demi-brique de largeur, extradossé parallèlement. La voûte entière est appareillée en briques panneresses.

114. *Septième exemple*. Les évents des parties droites du réduit consistent en des ouvertures cylindriques circulaires horizontales qui se terminent aux parements verticaux des murs. Leur appareil est en

briques panneresses et les bandeaux de têtes n'ont qu'une demi-brique
de largeur des deux côtés, et sont extradossés parallèlement.

5° *Cheminées d'éclairage.*

115. *Premier exemple.* L'escalier conduisant à la galerie haute de
la queue du réduit est éclairé par une cheminée verticale, ouverte à la
clef de la voûte annulaire du palier inférieur, et débouchant sur la
plate-forme supérieure. Cette cheminée se compose d'une partie tronconique traversant les maçonneries de la voûte, et d'une partie cylindrique qui s'élève jusqu'au terre-plein.

La partie inférieure est formée de deux rouleaux accolés et indépendants d'une demi-brique d'épaisseur, bandés suivant des génératrices de la surface intrados, et appareillés en briques panneresses.
On a obtenu beaucoup de régularité dans les joints de lit, en faisant
usage de grosses briques, contre le berceau tournant, et de briques
plus petites, à l'autre extrémité.

La seconde partie de la cheminée s'élève en briques boutisses par
assises horizontales.

L'ouverture inférieure est garnie d'un bandeau apparent d'une
demi-brique de largeur, et le débouché sur la plate-forme est couvert
d'une tablette en pierre avec grillage en fonte.

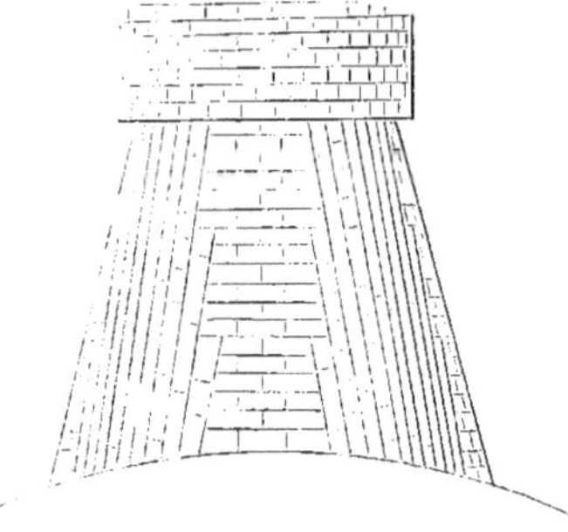

Fig. 74 a.

116. *Deuxième exemple.* La cheminée d'éclairage ouverte dans la
voûte de la poterne, à l'entrée du réduit, comprend une partie tronconique, pénétrant la maçonnerie du berceau, et une partie cylindrique,
qui s'élève jusqu'au terre-plein du redan (fig. 74a).

La partie tronconique a pour joints de lit quatre séries de courbes équidistantes opposées deux à deux, et déterminées à partir des génératrices contenues dans deux plans verticaux perpendiculaires entre eux. Les assises s'appuient sur quatre crémaillères en brique bandées horizontalement. La voûte est appareillée en losange.

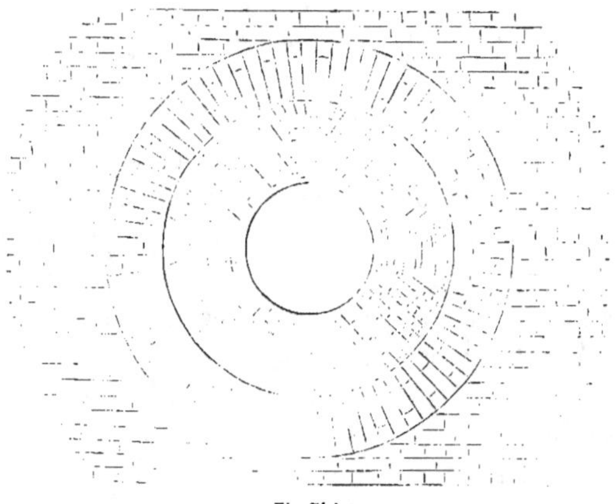

Fig. 74 b.

La partie supérieure a un diamètre un peu plus grand que celui de la petite base du cône, et s'élève en briques boutisses par assises horizontales.

L'orifice inférieur de la cheminée présente, sur la douelle de la voûte rampante, un bandeau d'une brique de largeur, extradossé parallèlement, et son orifice supérieur est couvert d'une tablette en pierre, garnie d'une plaque en fonte.

117. *Troisième exemple.* L'un des grands escaliers conduisant au premier étage du réduit est éclairé par une cheminée qui débouche à la clef de la voûte, et dont la forme est la même que celle de la cheminée qui précède (n° 115).

La partie tronconique inférieure est bandée suivant deux séries de courbes équidistantes (fig. 75a), disposées symétriquement par rapport au plan vertical tangent à l'axe de la descente et contenant l'axe du cône, et la voûte est fermée au moyen de deux crémaillères en brique, à joints horizontaux (fig. 75*b*), contre lesquelles viennent s'appuyer les assises de la voûte.

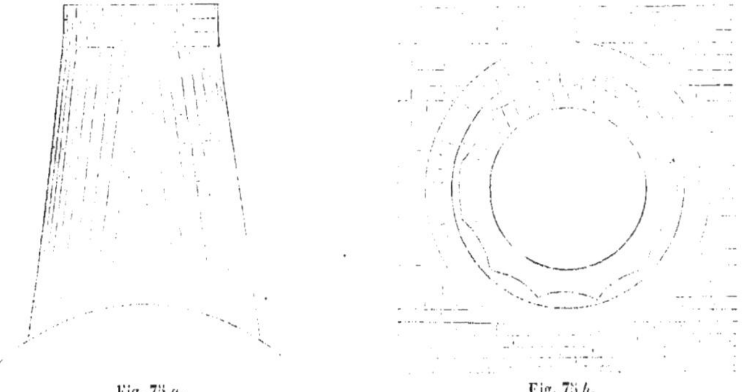

En vue de simplifier le travail, on a établi, suivant l'arête saillante de pénétration de la voûte conique avec le berceau en descente, un collier ou crémaillère en brique dans laquelle les joints de lit sont dirigés suivant des génératrices de la surface intrados de la première voûte.

Ce collier présente, sur la douelle du berceau en descente, un bandeau d'une demi-brique de largeur extradossé parallèlement.

118. *Quatrième exemple.* Les deux cheminées qui éclairent le corridor de la tête du réduit, au premier étage, sont également tronconiques en dessous et cylindriques au-dessus. La partie inférieure est bandée suivant des génératrices de la surface intrados (fig. 76 *a*), et

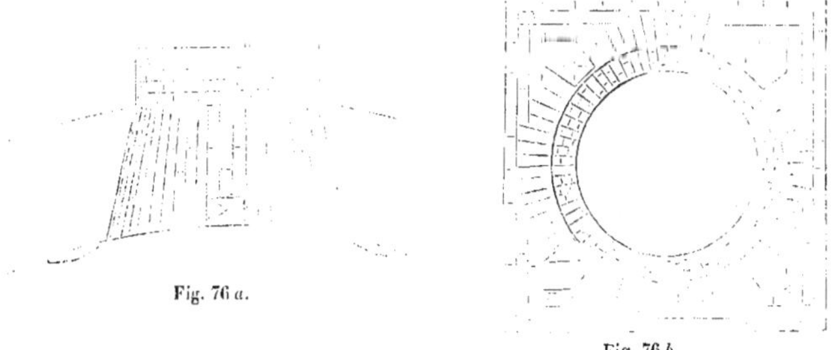

l'autre partie s'élève par assises horizontales jusqu'au terre-plein, où elle est couronnée d'une tablette en pierre avec grillage en fonte.

L'orifice inférieur de la cheminée est garni d'un bandeau qui se raccorde avec l'appareil oblique de la voûte annulaire (fig. 76 *b*). Quatre voussoirs en grès, présentant sur la douelle de cette voûte des faces pentagonales taillées en pointe de diamant, complètent la fermeture du bandeau.

Cette disposition est très-heureuse et s'harmonise au mieux avec les joints de lit des parties voisines du berceau tournant. Le tracé en est d'ailleurs fort simple et l'exécution de la voûte est aussi commode que facile.

119. *Cinquième exemple.* La cheminée servant à éclairer le montepièce de la gorge du réduit débouche sur un des côtés de la voûte annulaire de la galerie haute, tangentiellement au pied-droit intérieur.

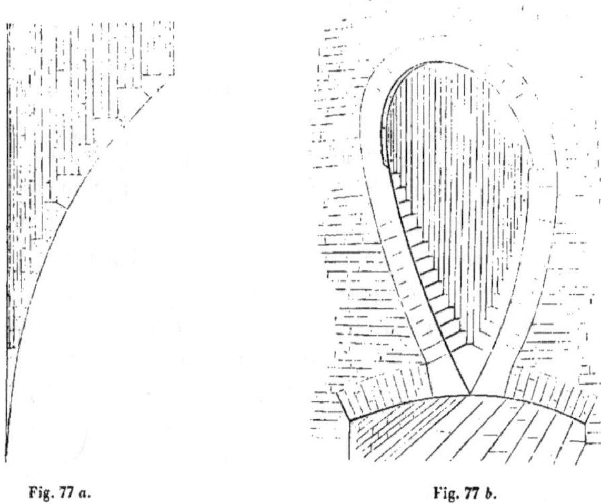

Fig. 77 a.Fig. 77 b.

Elle est de forme cylindrique dans toute sa hauteur et sa surface intrados est engendrée par une verticale assujettie à glisser sur une circonférence située dans le plan des naissances (fig. 77*a*).

Cette cheminée se compose de deux rouleaux accolés et indépendants, d'une demi-brique d'épaisseur, bandés suivant des génératrices de la surface cylindrique, dans la partie correspondante aux maçonneries, et horizontalement au-dessus, jusqu'au terre-plein.

L'arête de pénétration des deux voûtes est garnie d'un bandeau en grès, extradossé suivant une courbe à double courbure parallèle à la courbe d'intrados (fig. 77*b*), et le débouché supérieur est couvert d'une tablette en pierre surmontée d'un garde-corps en fer forgé sur la sous-lisse duquel repose une toiture en verre à huit pans.

4° *Créneaux et embrasures.*

120. Les premiers hommes, après s'être construit des abris contre les rigueurs des saisons ou les injures du ciel, durent nécessairement songer à rendre ce moyen de protection le plus sûr possible; d'abord, pour se défendre contre les bêtes féroces, ensuite, pour résister à des adversaires qui en voulaient à leurs personnes ou à leurs biens. De là vint incontestablement l'idée des fortifications. Et comme il fallut en même temps se réserver la possibilité de frapper l'ennemi à distance, sans se découvrir, il est vraisemblable que les créneaux ne tardèrent pas à être imaginés.

Les premières défenses dont se soient servis les plus anciens peuples connus de l'antiquité étaient en terre et en bois; par la suite, quand l'art de bâtir eut enseigné la manière d'élever des murailles en maçonnerie, on substitua les enceintes en pierre aux constructions primitives.

D'abord, ces enceintes consistaient en de simples murs continus assez élevés pour empêcher l'escalade; puis l'on inventa les tours (1) en vue de découvrir et de battre le pied des murailles.

Jusqu'à la fin de la période romane ancienne, la défense resta limitée au sommet des murailles; mais plus tard on crénela les tours aux divers étages, ainsi que les parties de courtine qui n'étaient pas terrassées, et les abords de la position purent être mieux gardés.

Les meurtrières en général avaient des formes et des dimensions très-variées : les créneaux du haut des murs d'enceinte et autres étaient presque toujours larges et découverts; ceux des tours avaient moins de largeur et se fermaient souvent par des portières en bois. Les *archères* ou *archières* ne présentaient sur les parements extérieurs que des fentes verticales assez longues, ou même de simples trous circulaires

---

(1) Cette invention est attribuée aux Cyclopes, d'après Aristote, et aux Corinthiens, suivant Théophraste, son disciple. (*Encyclopédie de Diderot et d'Alembert.*)

ou elliptiques qui allaient en s'évasant vers l'intérieur (1). Enfin, les mâchecoulis consistaient en des ouvertures plus ou moins grandes, ménagées dans le plancher des étages ou dans le sol des galeries saillantes.

L'introduction de l'artillerie à feu dans les siéges, au XVI⁶ siècle, donna ensuite naissance à de nouvelles meurtrières, nommées *embrasures*, qui se placèrent le plus bas possible pour obtenir un tir rasant : les unes consistaient en une simple fente horizontale qui n'avait que la largeur strictement nécessaire pour le passage du boulet; d'autres étaient accompagnées d'une seconde fente horizontale, plus étroite au-dessus, pour le pointage de la bouche à feu et l'évacuation de la fumée; d'autres encore avaient des formes particulières en vue d'agrandir le champ de tir, sans démasquer les servants ; d'autres enfin étaient entièrement découvertes et présentaient au dehors une suite de redans destinés à arrêter les projectiles ennemis (2).

121. Les créneaux et les embrasures employés dans la fortification moderne, quoique ne ressemblant guère aux anciennes meurtrières, ont néanmoins des formes très-variées et dépendent, le plus souvent, des exigences locales ou des besoins de la situation. Ceux qu'on rencontre au fort n° 3 sont de deux espèces principales, savoir : les créneaux horizontaux et verticaux pour la mousqueterie, et les embrasures et fenêtres-embrasures pour canon et obusier.

Ces différentes ouvertures sont ménagées dans des murs de masque plus ou moins épais et s'ouvrent, en s'évasant des deux côtés, sous des voûtes surbaissées, formées d'un seul arc de cercle. La partie étranglée est située en deçà de la bouche du canon ou de l'extrémité du fusil.

122. *Créneau horizontal.* Ce créneau consiste en une ouverture horizontale composée de deux parties évasées : l'une intérieure (fig. 78 *a*), et l'autre extérieure (fig. 78 *b*), couvertes de voûtes tronconiques surbaissées, ayant leurs sommets dans le plan des naissances. La partie intérieure est limitée par des surfaces continues; la seconde, au contraire, présente, dans les joues et le radier, un certain nombre de ressauts ou redans, selon l'épaisseur du mur.

(1) Viollet le Duc, *Architecture militaire.*
(2) Idem, *ibid.*

Le radier est formé d'une assise en briques de champ ; ses deux têtes sont garnies d'un bandeau d'une brique de hauteur au dehors, et d'une demi-brique seulement à l'intérieur (fig. 78 *a*).

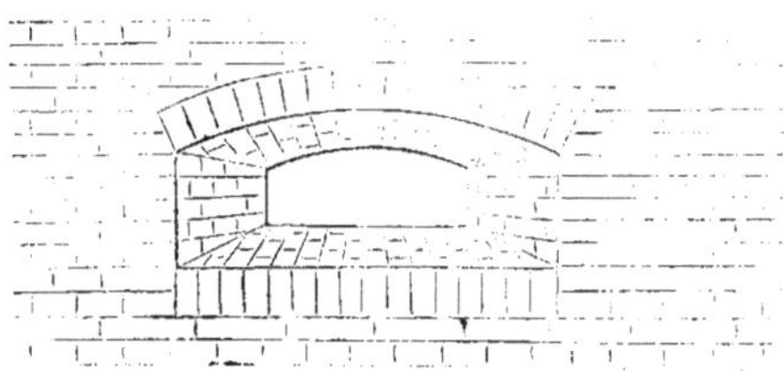

Fig. 78 *a*.

Les voûtes coniques sont bandées suivant des génératrices des surfaces intrados, et les têtes présentent, sur les deux parements, un bandeau de même largeur qu'au radier, extradossé parallèlement.

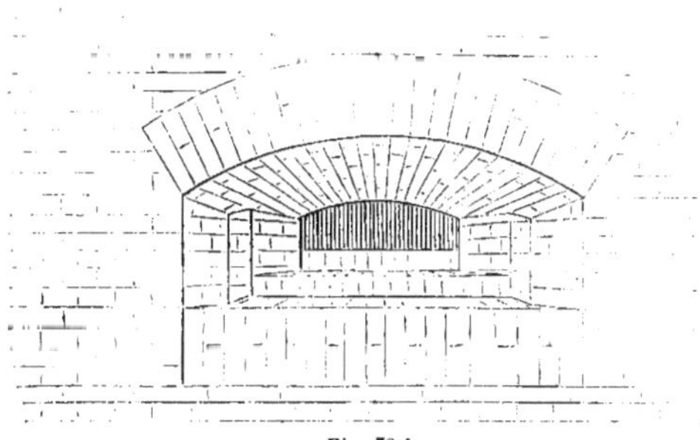

Fig. 78 *b*.

123. *Créneaux verticaux.* Il existe trois sortes de créneaux verticaux qui sont : les créneaux des façades des entrées, ceux du réduit, et enfin ceux des galeries d'escarpe et de contrescarpe

124. *Premier créneau.* Il consiste en une longue fente verticale, étroite au dehors, mais fortement évasée à l'intérieur pour améliorer l'éclairage. Dans l'épaisseur du mur se trouve une feuillure propre à recevoir un châssis fixe.

La partie intérieure (fig. 79 *a*) est couverte d'une voûte tronconique surbaissée, bandée suivant des courbes équidistantes à partir des naissances. Le raccordement des assises a lieu, à la clef, en arête de poisson.

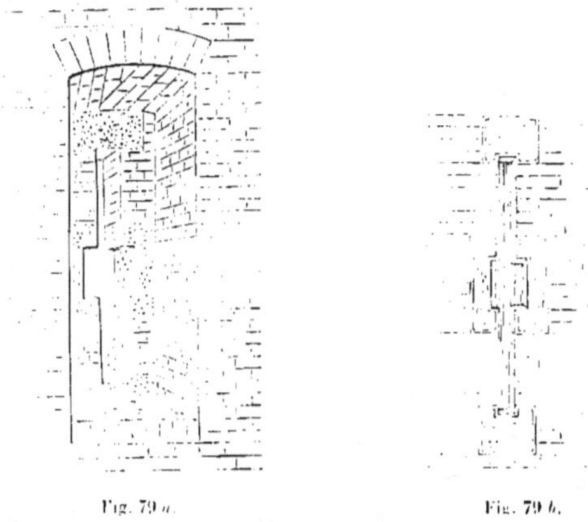

Fig. 79 a.　　　　　　Fig. 79 b.

L'ouverture extérieure est garnie de quatre voussoirs en grès disposés d'après les indications de la figure 79 b ci-contre.

125. *Deuxième créneau.* Les créneaux du réduit sont verticaux et se composent de deux parties évasées se reliant par leur petite base dans l'épaisseur du mur.

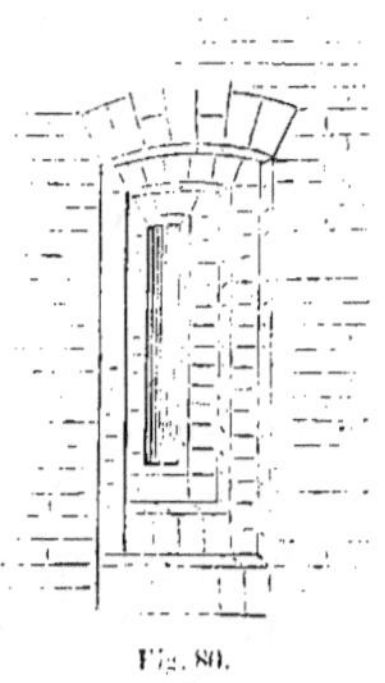

Fig. 80.

La partie intérieure a ses joues et son radier formés par des surfaces planes continues. La voûte est tronconique et ses naissances sont horizontales; elle est bandée suivant des hélices équidistantes, à partir de la génératrice à la clef; sa tète est garnie d'un bandeau d'une demi-brique de largeur, extradossé parallèlement.

La partie extérieure (fig. 80) présente un plus ou moins grand nombre de redans à angle droit, couverts de berceaux cylindriques surbaissés indépendants les uns des autres, et bandés parallèlement aux naissances. L'arc de tète, ou le redan extérieur, est garni d'un bandeau d'une brique de largeur. Quant au radier, il est établi par ressauts successifs, comme les joues et la voùte, et construit en briques de champ.

126. *Troisième créneau.* Les créneaux des galeries d'escarpe et de contrescarpe sont également verticaux et se composent, comme les précédents (n° 129), de deux parties évasées qui se raccordent dans l'épaisseur du mur; seulement, la partie du dehors est dépourvue de ressauts, et sa forme ne diffère pas de l'ouverture intérieure (fig. 81).

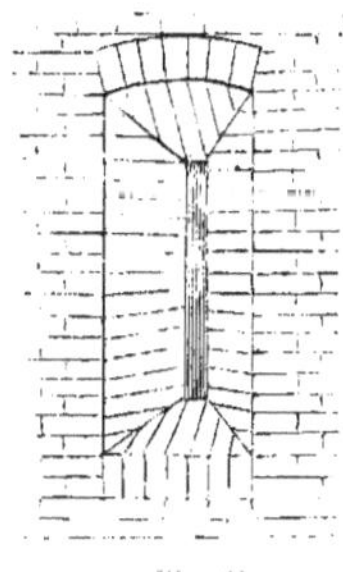

Fig. 81.

Les voùtes qui surmontent ces deux parties ont leurs naissances horizontales et sont l'une et l'autre tronconiques. Elles sont bandées dans le sens de la génératrice à la clef, et les assises se perdent sur les plans des naissances.

Le radier, ou le fond des créneaux, est formé de deux surfaces planes inclinées en sens inverse qui se raccordent à l'étranglement. Il est établi en briques de champ et présente, sur les parements du mur, un bandeau apparent d'une demi-brique de hauteur.

127. *Embrasures* (fig. 82 *a*, 82 *b*, 82 *c*). Les embrasures de la caponnière et des demi-caponnières ont, en plan, la forme indiquée fig. 82 *b*. Les deux parties du milieu sont couvertes de voùtes tronco-

niques surbaissées, ayant leurs sommets dans les plans respectifs des naissances, tandis que les deux autres parties, qui correspondent à la

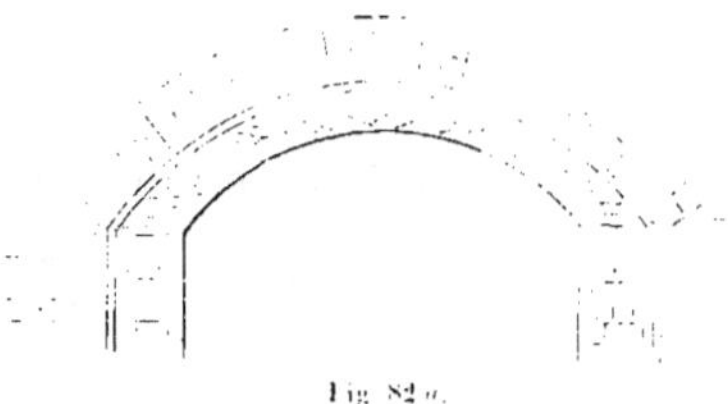

Fig. 82 a.

feuillure et à l'évasement extérieur, sont surmontées de berceaux droits surbaissés.

Fig. 82 b.

La grande voûte conique est bandée dans le sens des naissances, suivant des courbes équidistantes, et le raccordement des assises a lieu, à la clef, de deux en deux tas, en arête de poisson.

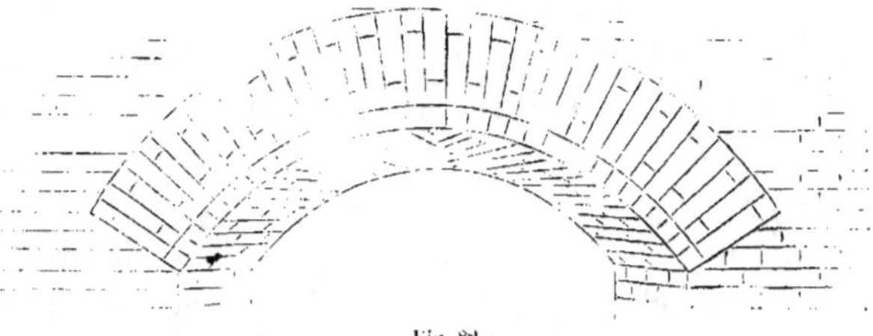

Fig. 82 c.

La seconde voûte conique a ses joints de lit dirigés suivant des espèces d'hélices à partir de la génératrice supérieure, et de façon que les assises se relient à celles de la première voûte.

Le berceau extérieur et l'arc intérieur de feuillure sont bandés parallèlement aux naissances, et les têtes présentent, sur les deux parements du mur de masque, un bandeau d'une brique de largeur, extradossé parallèlement.

128. *Fenêtres-embrasures.* Les fenêtres-embrasures du réduit sont composées de deux parties droites intérieures (fig. 83 a), surmontées

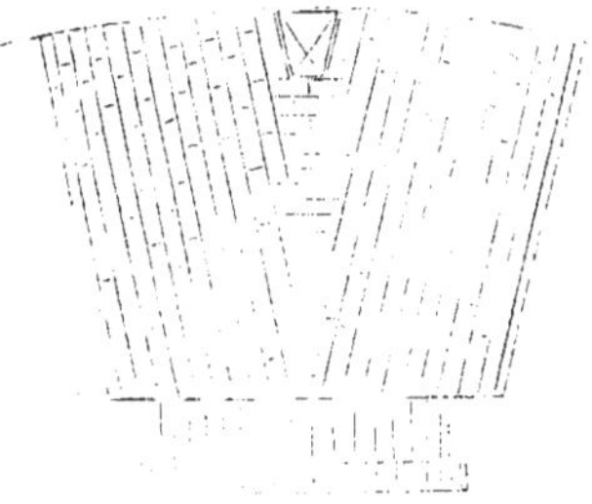

Fig. 83 a.

d'arcs cylindriques surbaissés, et d'une partie évasée extérieure, couverte d'une voûte conique également surbaissée, dont le sommet se trouve dans le plan des naissances.

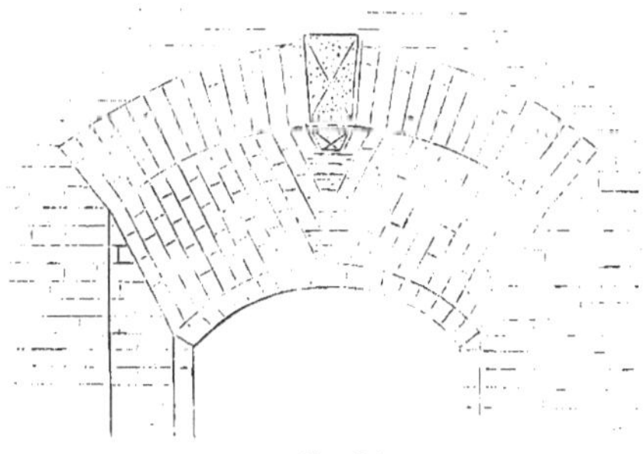

Fig. 83 b.

Les voûtes cylindriques sont bandées suivant des génératrices des surfaces intrados, et la tête de la feuillure est garnie d'un rouleau apparent d'une brique de largeur.

La voûte conique a ses joints de lit dirigés dans le sens des naissances, suivant des courbes équidistantes (fig. 85 b et 85 c), et les assises se raccordent, à la clef, au moyen d'une crémaillère en brique, formée de deux crochets, dans les petits murs, et de trois crochets, dans

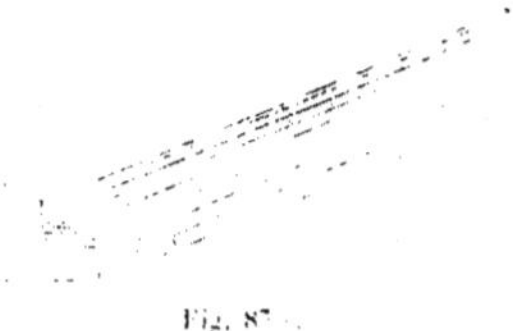

Fig. 87.

les murs plus épais. La tête de la voûte est garnie d'un bandeau apparent d'une brique et demie de largeur, extradossé parallèlement, et fermé par une clef en pierre contre laquelle s'appuie le premier crochet de la crémaillère.

7. Des cheminées de ventilation.

129. Dans les locaux destinés à servir de logement, on s'est particulièrement attaché à rendre la ventilation la plus active possible, pour que les gaz nuisibles soient chassés à mesure qu'ils se forment. Les prises d'air ont lieu par les baies de porte, par les créneaux et par les embrasures, et des cheminées d'appel ou d'évacuation débouchent dans les voûtes le plus haut possible, afin que l'air frais ne se mêle pas à l'air vicié.

En général, la force de la ventilation a été calculée (1) d'après le nombre maximum d'hommes que les chambres peuvent contenir en temps de guerre.

(1) On s'est servi, pour cela, de la formule suivante de Tredgold, dans l'hypothèse d'une différence de dix degrés entre l'air intérieur et l'air extérieur :

$$S = \frac{B}{45 \sqrt{h}},$$

dans laquelle S exprime la surface en pieds carrés du tuyau de dégagement, B le nombre de pieds cubes d'air qui doivent se dégager par minute, et h la hauteur de la cheminée d'aérage, depuis le sol jusqu'à son débouché dans le terrassement.

130. Les cheminées de ventilation, ménagées dans les voûtes des galeries d'escarpe et de contrescarpe, à la queue des locaux, comprennent une partie tronconique, pénétrant les maçonneries. et une partie à section carrée, s'élevant jusqu'au niveau des terrassements.

La première partie est bandée suivant des génératrices de la surface intrados et appareillée en briques panneresses ; sa tête présente, sur la douelle de la voûte du local, un bandeau d'une demi-brique de largeur extradossé parallèlement.

Dans la seconde partie, la maçonnerie est élevée par assises horizontales à la manière ordinaire. L'orifice supérieur est enfin couvert d'une tablette en pierre de taille.

151. Les cheminées des caponnières et des demi-caponnières sont analogues aux précédentes ; seulement, la partie comprise dans le terrassement est cylindrique et appareillée en briques boutisses.

8. Des foyers ou fourneaux.

152. Les anciens ne construisaient pas de foyers dans leurs habitations, ni dans les casernes ou quartiers de soldats. C'est par le moyen de l'hypocauste, ou fourneau souterrain, qu'ils échauffaient leurs demeures. Ils se servaient aussi de brasiers portatifs qu'on alimentait au moyen d'un charbon de terre qui brûlait sans fumée. L'hypocauste distribuait la chaleur par l'intermédiaire de tuyaux placés dans les murs, comme cela se pratique dans beaucoup d'établissements modernes et dans nos nouvelles demeures.

L'usage des fourneaux remonte pourtant à une haute antiquité (1) ; mais ils ne paraissent avoir servi que dans des circonstances exceptionnelles et pour certains besoins, comme ceux de la cuisine ou ceux de quelques arts et métiers.

De nos jours, l'application en est devenue pour ainsi dire générale,

(1) Aristophane, qui vivait deux siècles et demi avant notre ère, en parle dans sa comédie intitulée *les Guêpes* : le vieillard Polycléon se cache *dans une cheminée*, où il est découvert par un esclave. Et, plus loin, le fils de la

surtout dans les contrées du Nord, où le climat en commande la multiplicité. On en voit, en effet, aussi bien dans les établissements militaires et les édifices publics que dans les habitations particulières. Les Anglais les regardent aujourd'hui comme indispensables dans leurs casernes et leurs hôpitaux.

155. Dans les bâtiments du fort, on a adopté de préférence les foyers découverts, parce qu'ils permettent de brûler indifféremment toute espèce de combustible. Ils ont, en outre, l'avantage incontestable d'activer puissamment la ventilation, et de favoriser le dégagement des gaz nuisibles dans la saison d'été, où il n'y a pas de chauffage.

Ces foyers, dont l'objet principal est de chauffer au moyen de la chaleur rayonnante, se composent des parties suivantes, savoir : l'*âtre* ou le foyer proprement dit ; le *contre-cœur* ; les *jambages* ; le *manteau*, appelé aussi *traverse* ; la *corbeille* et la *grille*, et la *cheminée*.

Le *contre-cœur* est formé d'une enveloppe en briques réfractaires de manière à en augmenter la durée, et aussi pour que la quantité de chaleur absorbée soit un minimum.

Les *jambages* et le *manteau* sont terminés par des surfaces planes très-divergentes, afin que le combustible fournisse dans le local la plus grande somme possible de calorique rayonnant.

Le *manteau* est assez éloigné du foyer ; mais on a fermé par une portière mobile l'intervalle qui le sépare de la corbeille, de manière à favoriser le tirage dans un moment donné, et à empêcher toute perte d'air chaud provenant du local.

La *corbeille* est faite pour brûler du charbon de terre, quoiqu'on puisse employer d'autres combustibles. Les *grilles* sont un peu inclinées vers le fond de l'âtre et obligent les cendres à se porter de ce côté.

La section horizontale de la cheminée est en rapport avec les dimen-

maison se plaint de ce que l'on dit qu'il est le fils d'un *ramoneur de cheminée*.

D'un autre côté, l'historien grec Appien Alexandrin, qui vivait sous **Trajan**, rapporte qu'à l'époque des proscriptions par les triumvirs, les citoyens se cachaient dans *les cheminées* pour se soustraire aux meurtriers.

sions de la corbeille pour que le tirage soit le meilleur possible (1).

Quant à la hotte, elle est établie de manière que la fumée remonte perpendiculairement, et sa longueur est la même que celle de la grille.

154. La maçonnerie d'élévation des cheminées est en brique ordinaire, et les angles obtus sont construits avec des briques spéciales de la forme adoptée pour les pans coupés des façades (n° 5).

Le contre-cœur est élevé par assises perpendiculaires à l'inclinaison du fond de l'âtre ; il n'a qu'une demi-brique réfractaire d'épaisseur, et la maçonnerie est indépendante des parties voisines pour que les réparations ou les renouvellements soient faciles en tout temps.

155. Le manteau des cheminées établies dans les murs verticaux

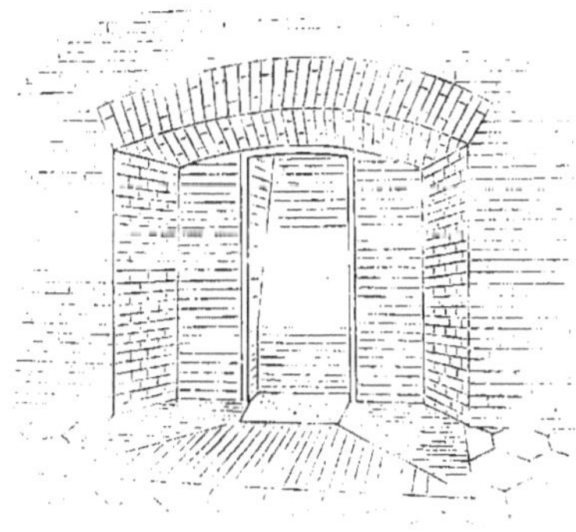

Fig. 84.

droits ou courbes (fig. 84), présente un bandeau apparent d'une brique et demie de largeur, extradossé parallèlement

(1) On s'est servi, à cet effet, de la formule suivante adoptée par Tredgold :

$$S = \frac{17\,l}{\sqrt{h}},$$

dans laquelle S représente la surface en pied de la section, au débouché dans le terrassement ;

l la longueur de la grille, et

h la hauteur totale de la cheminée comptée à partir du sol.

La hotte est couverte d'une petite voûte cylindrique en descente, fortement surbaissée, et bandée suivant des génératrices de la surface intrados.

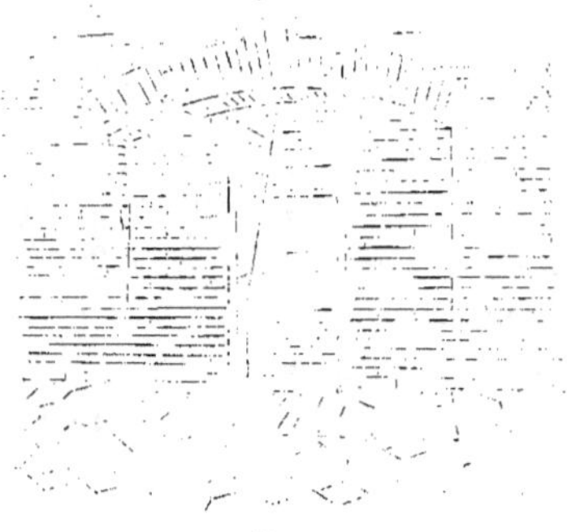

Fig. 85.

136. Dans les locaux où la cheminée pénètre la voûte principale, on a supprimé les jambages (fig. 85), ainsi que le pan coupé du manteau. Le reste est d'ailleurs construit comme ci-dessus.

FIN.

TABLE DES MATIÈRES